松永暢史
星野孝博

●●

大人に役立つ！

頭のいい小学生が解いているパズル

扶桑社文庫
0665

はじめに

遊びながらアタマがよくなるパズル

パズルの本といえば、『頭の体操』を思い出される方も多いと思います。これは1966年に心理学者の多湖輝氏が著された本で、第一集だけでも250万部を超える空前の大ベストセラーになったものです。この結果、多くの方がパズルに興味を持つようになったのですが、いつしかそれは一部のマニアックなファンだけに支持され、世間的に大流行することはなくなりました。ところが最近では、実はパズル教育が算数教育の土台となる能力を培うことがわかってきて、多くの教育機関がこれを取り入れるようになっているのです。

パズルに強い子どもは算数ができる。パズルに強い子どもは受験に勝つ。パズルに強い子どもはアタマがよい。

これは今や受験教育業界の常識です。もしかしたら、もうすぐ「パズルが得意な人間は入社試験に通りやすい」なんて本が出るかもしれません。

そもそもは七田式教育など、ごく一部の教育機関が子どもにパズルを教えてきましたが、最近では大手進学塾でも小学低学年の教育に取り入れています。それはパズルをやらせると算数ができるようになることがわかってきたからです。それどころかパズル教室という、パズル専門の教育機関も登場しています。もはやパズルは子どもの算数教育に欠かせない教材になっているのです。

それはなぜでしょうか？　この本ではまず、その理由を解説します。人間のアタマの働きを分類して説明します。人間がどのように思考し、どのように答えを出しているのかを、まるで外国語学習に欠かせない文法書のように解説します。そしてそこから先は、ただひたすらありとあらゆるパズルのオンパレード。みなさんに、現在の小学生が取り組んでいるパズルにどんどん挑戦していただきます。
　どうですか？　できそうですか？　チラッと見てすぐできる方は、ぜひこの場でやってみてください。どうですか？　意外と手強いでしょう。なかにはやや難しいものや、あっと驚く柔軟な思考変換をしなければ解けないものが出てきて、これを子どもたちがやすやすと解いていることを想像すると、秘かに驚きを禁じ得なくなると思います。
　そして、こういうことがすぐできるようになっているタイプのアタマの持ち主たちが、算数の勉強ができるのです。逆に、算数が苦手だった人たちは、これができなかった人たちなのです。でも、それは「練習」で体得できること。アタマがよい人たちのアタマを、みなさんも体得することができます。そして、できたら子どもたちにもやらせてみてください。そうすれば、子どもたちのアタマがよくなって、算数で苦しむことがなくなります。
　スクールの語源は、ギリシア語のスコラ（暇＝ヒマ）です。つまり、学問とは暇があるときにするもので、それはアタマがよくなることに関することなのです。未来への備え、それはいつでも今よりアタマがよくなっていることでしょう。暇があるときになすべきは「賢くなる」ことです。子どもは大人になったときのため、大人は衰えを知らぬアタマの働きを維持するため、読者のみなさんが、ちょっとお暇なときに、パズルで遊んで賢いアタマを楽しんでいただきたいと思います。
　人間の心理を深く洞察した『頭の体操』から50年、その間にパズルは進化し、純粋に数学的思考の教材として発達しました。これからはパズルなしには算数学習が不可能なものになってしまうと言っても過言ではないでしょう。だからこそ、みなさんに今、パズルのことを知っていただきたいのです。そして子どもたちと一緒にパズルで遊んで、アタマの働きを、これからの社会が求める柔軟かつ創造的なものにしていただきたいのです。
以上、教育環境設定コンサルタントとして、また能力開発インストラクターとして、そして教育メソッド開発者の一人として、パズルがイチ押しの頭脳教材であることをみなさんに強く推奨申し上げたいと思います。

最後にこの本についてご注意をひとつだけ。

パズルは私たちに集中と試行錯誤の体験を与えてくれます。そのとき、音すらも聴こえなくなっている自分を発見することでしょう。だから、パズルを電車の中でするのは要注意です。特に新幹線の中では。飛行機なら大丈夫でしょう。だって、パズルをやり始めたら夢中になってつい時間を忘れちゃうじゃないですか。みなさん、どうぞ乗り越しに注意して、話題の、子どもたちが遊んでいる最先端のパズルを思いっきり楽しんでみてください。

2018年1月吉日　　　　　　　　　　　　　　　　　　松永暢史

もくじ
contents

パズルを解くときの「思考術」

Part 2
小学生が解いている「人気パズル教室・問題集」

＊問題の解答は次ページに掲載されています
（ひらめき問題④・⑤・⑥は同ページに掲載）

Part 1

パズルを解くときの「思考術」

パズルを解くとき、私たちはいろいろな考え方で解いています。本書ではそのときの頭の働き方で、考え方（思考方法）を「5つの思考術」に分類。まずは、パズル問題を解きながら、この「思考術」を体感してみてください。

5つの思考術とは？

5 Thinking Method

1 はしご型思考

info 知識と経験で直観的に解いていく思考方法

2 ピラミッド型思考

info わかったことを積み上げながら解いていく思考方法

3 しらみつぶし型思考

info ルールを作って、もれなく1つずつ確認しながら解いていく思考方法

4 リバース型思考

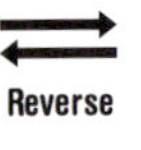

info 答えを予測し、そこから逆算して解いていく思考方法

5 単純変換型思考

info 無駄なものを省いたり、わかりやすく置き換えて解いていく思考方法

はしご型思考

info 知識と経験で直観的に
解いていく思考方法

直観的に考えるというと聞こえはいいですが、深く考えないで「なんとなく、こうかな」と見当をつけて突き進んでいく論理性のない思考方法です。ゴールへと一直線に進むので早く正解にたどり着ける半面、いったんつまずくと、また最初からやり直しになってしまいます。

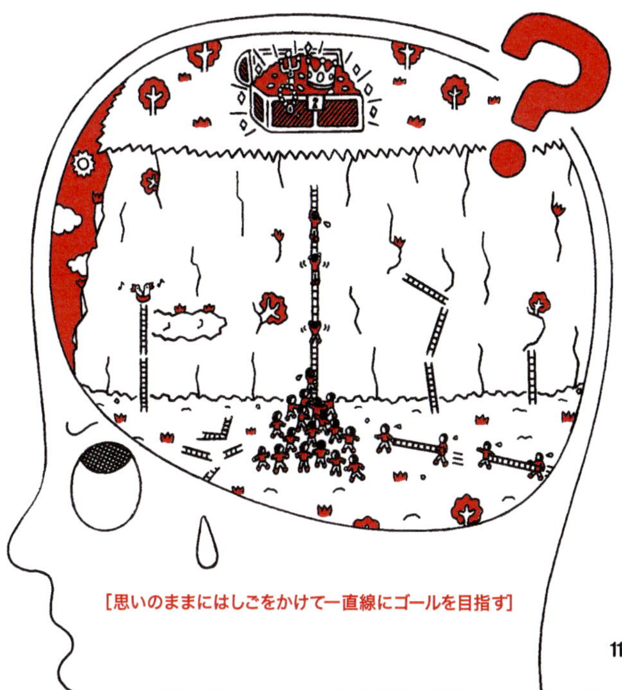

[思いのままにはしごをかけて一直線にゴールを目指す]

はしご型思考

問題 1 黒いボールだけをホースから取り出せるか？

とうめいなゴムのホースに、ボールが５つ入っています。
まん中のボールだけが黒で、ほかは白です。
ホースを切ったり、白いボールをホースから１つも出さずに、黒いボールだけをホースから取り出すには、どうすればいいでしょうか？

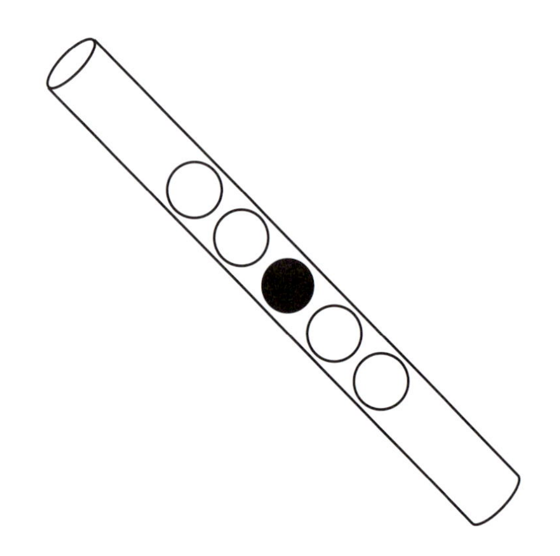

コイン13枚で100円になるようにするには？

1円玉、5円玉、10円玉、50円玉を13枚集めて、ちょうど100円になるような組み合わせが2つあります。
コインに○をつけて、2通りの組み合わせを答えましょう。

1 1 1 1 1
5 5 5 5 5 5
10 10 10 10 10 10 10 50
=100円

1 1 1 1 1
5 5 5 5 5 5
10 10 10 10 10 10 10 50
=100円

解答
1

黒いボールだけをホースから取り出せるか？

［答え］ホースを丸めてつなげ、ボールをずらしていき、白いボールを２個ずらし終わったら、ホースを元に戻して、黒いボールを取り出します。

問題解説 この問題は、すぐに解けた人が多いのではないでしょうか。まず問題文で「ホース」と書いてあることに気がつきましたでしょうか。そして、「ゴムのホース」とあります。ここはプラスチックではなく、**材質がゴムであるということに気がつくかがポイント**です。
さらに「とうめいな」と限定しています、これが最大のヒントです。透明なので**中が見えているから取り出せる**わけです。

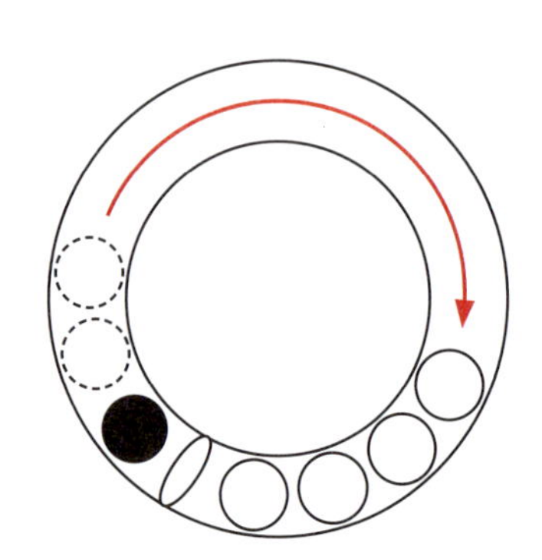

ロジカルに考えるわけでもなく、日常体験の中で得た「ゴムのホースは曲がる」という経験値がすべてになります。それさえ知っていれば、ゴムのホースを曲げるということに直感的にたどり着けます。このように見当をつけて突き進むのが「はしご型」思考の特徴です。

コイン13枚で100円になるようにするには？

［答え］①5円玉6枚と10円玉7枚。
②1円玉5枚、5円玉5枚、10円玉2枚、50円玉1枚。

問題解説 この問題、なんとなくやっていたらできてしまうかもしれません。ここは、わざわざ50円玉が1枚書いてあるのがポイントです。**1枚しかない50円玉を使う答えと使わない答えの2つがあるのだろう**、と考えるわけです。50円玉を使わないと、**5円玉6枚と10円玉7枚で、13枚と100円**になります。これが1つめの答えです。
もう1つは、50円玉を使うわけですから、残り12枚で50円をつくることになります。なんとなく見当をつけてやれば、意外と簡単に解けてしまう問題です。

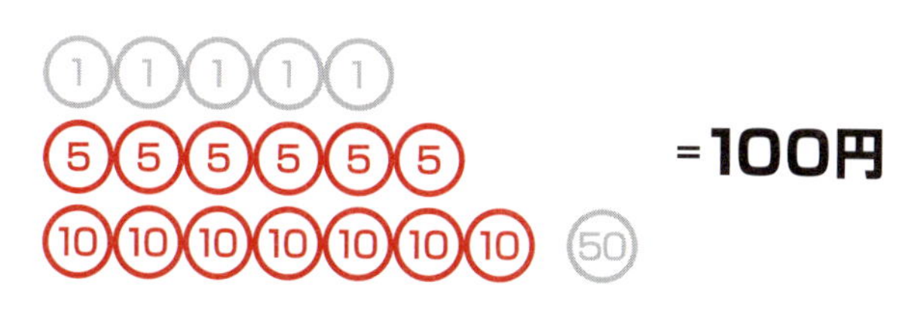

「はしご型」思考のひとって、どんなタイプ？

「はしご型」思考に偏ったひとは、考えているようで意外に何も考えていません。「直観」「感覚的」「なんとなく」――こんな言葉をよく口にするのが特徴です。難問を嫌い、無理やり解決したことにしてしまう傾向があります。直観は確かに大事なのですが、自分の中にある判断材料（状況、知識、経験）を頼りにしているだけなので、経験値がなければただの当てずっぽうな思いつきになってしまいます。

しかし、いい部分もあります。それは考えを行動に移すことがとても早いことです。知識・経験の蓄えがしっかりあれば、早く正確に目的へと突き進んでいけるのです。逆に、判断材料のない新しいことを始めると途端に不安になり、周りに同意を求めたり、早々に無理だと決めつけてしまい、その先にあるゴールがまったく目に入らなくなってしまいます。時には論理的に物事を考えたり、違った角度から見てみたりすると、もっと力を発揮します。

あなたがもし誰かに意見をしたあとでその理由を考えていることがよくあるとしたら、間違いなく「はしご型」思考の典型です。少しでも論理的な人間に見せたいのでしょうが、自分が「はしご型」思考で考えていることを自覚したほうが無難です。この思考方法のひとは考えるのが早いので、コミュニケーションがうまく行動力もあり、文系のひと、営業マンに多く見られます。

早い思考はとても強い武器ですが、精度の悪い判断では大勝負をかけられません。**わからないと思ったときは、お得意の「なんとなく」思考をやめ、じっくり腰を据えて考える習慣を身につけることができれば、これまで見落としていた答えや結果にたどり着けるはずです。**

ピラミッド型思考

info わかったことを積み上げながら解いていく思考方法

「絶対にこうだ」という確信が持てる理屈を1つずつ積んで、しっかりとした土台をつくりながら論理的に考えていく思考方法です。最初は時間や労力がかかりますが、途中で間違っても一からやり直さずに、そこから再スタートできます。解けたときの達成感はいちばん！

[ゆるぎない土台を積み上げて着実にゴールを目指す]

ピラミッド型思考

1～5の数字が1つずつ入ったブロックに分けて！

マスとマスの間に線を引いて、1～5の数字が1つずつ入った「ブロック」に分けてみましょう。全部で5つのブロックができます。
1つのブロックの5マスは、すべてがタテかヨコにつながるようにしてください。

[例] 1～3ブロック分け

2	2	1
3	3	1
1	3	2

→

2	2	1
3	3	1
1	3	2

→

2	2	1
3	3	1
1	3	2

1	1	4	2	5
2	3	1	4	3
2	5	4	5	2
1	3	5	5	3
4	2	1	3	4

1〜7の数字が1つずつ入ったブロックに分けて！

マスとマスの間に線を引いて、1〜7の数字が1つずつ入った「ブロック」に分けてみましょう。全部で8つのブロックができます。
1つのブロックの7マスは、すべてがタテかヨコにつながるようにしてください。

5	4	7	1	2	5	1	4
6	5	6	2	3	1	5	4
3	6	7	6	7	1	7	4
2	3	5	3	4	2	3	7
3	2	7	4	1	2	6	1
7	1	7	5	6	5	2	3
6	5	4	6	2	1	3	4

1～5の数字が1つずつ入ったブロックに分けて！

問題解説　やっているうちに解けたひとも多いのではないかと思います。左上の「1」から考えていけば、下の「2」→ 右の「3」→ 下の「5」→ 右の「4」で、まったく迷うことなく1つめのブロックができます。
次に、上段のもう1つの「1」から始めれば、すぐに2つめのブロックも完成。というように、あまり考えなくても**順番にたどっていくだけで、ブロックができる**わけです。
問題3－1の例題はもちろん、この問題も**「はしご型」思考（なんとなくこうかな？）で解いていく**はずです。問題を観察すれば、答えがそこにあるので、すぐにわかってしまうのです。とくにロジカルな思考を必要とはしません。

1	1	4	2	5
2	3	1	4	3
2	5	4	5	2
1	3	5	5	3
4	2	1	3	4

解答 3-2 1〜7の数字が1つずつ入ったブロックに分けて！

問題解説 問題3-1と同じ種類の問題ですが、1〜7と数字が増えただけでも、パッと見ただけでは見当がつきません。まずは問題の観察です。**わかったことを1つずつ箇条書き**にしていきます。

（ア）同じ数字が並んでいれば、あいだに必ず線が引ける。

（イ）ブロックをつなげていくときにすでに含まれた数字のところも壁線が引ける。

（ウ）ほかの完成したブロックを閉じ込める動きはダメ。

という3点がわかります。右上の4から下には進めないので左に進んで→1→5→2。そこから左は1が重複するので、下に行って→3→7。そして左に→6で、最初のブロックが確定しました。同様に（ア）（イ）（ウ）の法則に従って進めていきます。このように、**わかっていることを積み上げながら考えていくのが「ピラミッド型」思考**です。

5	4	7	1	2	5	1	4
6	5	6	2	3	1	5	4
3	6	7	6	7	1	7	4
2	3	5	3	4	2	3	7
3	2	7	4	1	2	6	1
7	1	7	5	6	5	2	3
6	5	4	6	2	1	3	4

相手が選んだ数字はいくつ？

相手が、０～９のうち３つの数字を選びました。同じ数字は使えません。
相手は、こちらが答えた３つの数字のうち、いくつ合っているかを教えてくれます。順番は合っていなくてもかまいません。
さて、相手の選んだ数字を当ててみましょう。

回数	数字	当たり
1	0 1 2	1
2	6 7 8	2
3	1 2 8	0

相手が選んだ数字はいくつ？

相手が、０～９のうち４つの数字を選びました。同じ数字は使えません。
相手は、こちらが答えた４つの数字のうち、いくつ合っているかを教えてくれます。順番は合っていなくてもかまいません。
さて、相手の選んだ数字を当ててみましょう。

回数	数字	当たり
1	1 2 3 4	2
2	5 6 7 8	1
3	1 2 4 8	1
4	1 2 5 6	1
5	0 1 5 7	0

相手が選んだ数字はいくつ？

[答え] 0、6、7

問題解説 まず、「回数３」の当たりが０なので、「数字１、２、８」が消えます。したがって、「回数１」は残りの「数字０」が当たり。「回数２」は「数字６、７」が当たりとなるわけです。

パッと見てすぐわかること（「はしご型」思考）を、論理的に当てはめて（「ピラミッド型」思考）いくやり方です。

回数	数字	当たり
1	0 ~~1~~ ~~2~~	1
2	6 7 ~~8~~	2
3	~~1~~ ~~2~~ ~~8~~	0

たとえば、右のパズルの場合、「回数1」と「回数2」では、「0」と「6」がどちらにもあり、違いは「3」と「8」ですが、当たりの数は2から1に変わっています。つまり、「回数1」の「3」が当たりになり、「回数2」の「8」は当たりではないことがわかります。ただし、「0」と「6」のどちらが当たりかは、ここではまだわかりません。

回数	数字	当たり
1	0 3 6	2
2	0 6 8	1

回数	数字	当たり
1	0 3 6	2
2	0 6 ~~8~~	1

相手が選んだ数字はいくつ？

［答え］3、4、6、9

問題解説 前問を参考に、順を追って解いていきましょう。
「回数１」と「回数２」で当たりは３つ。使われていない数字「０、９」のうち、どちらかが当たりです。「回数5」より、「０」ではなく「9」が当たりだとわかります。
「回数５」は当たりが「０」なので、**「数字0、1、5、7」が消えます**。残った数字は、「回数１」が「2、3、4」、「回数2」が「6、8」、「回数3」が「2、4、8」、「回数4」が「2、6」です。

回数	数字	当たり
1	~~1~~ 2 3 4	2
2	~~5~~ 6 ~~7~~ 8	1
3	~~1~~ 2 4 8	1
4	~~1~~ 2 ~~5~~ 6	1
5	~~0~~ ~~1~~ ~~5~~ ~~7~~	0

回数	数字	当たり
1	~~1~~ ②③④	2
2	~~5~~ 6 ~~7~~ 8	1
3	~~1~~ ②④ ~~8~~	1
4	~~1~~ 2 ~~5~~ 6	1
5	~~0~~ ~~1~~ ~~5~~ ~~7~~	0

回数	数字	当たり
1	~~1~~ ~~2~~ 3 4	2
2	~~5~~ 6 ~~7~~ ~~8~~	1
3	~~1~~ ~~2~~ 4 ~~8~~	1
4	~~1~~ ~~2~~ ~~5~~ 6	1
5	~~0~~ ~~1~~ ~~5~~ ~~7~~	0

「回数１」と「回数３」では**同じ数字が２つ**（２と４）あり、違いは「３」と「８」だけです。**当たりは「回数1」が２つで「回数３」が１つ**ですから、「回数１」の「３」が当たり、「回数３」の「８」は違うことがわかります。
「回数２」の「８」が消えますから、「６」が当たりになります。「回数４」の「６」が当たりですから、「２」が消えます。「回数１」と「回数３」の「２」が消えますから、「４」が当たりになります。

このように、わかったことを1つずつ積み上げながら考えていくのが「ピラミッド型」思考です。

「ピラミッド型」思考のひとって、どんなタイプ？

「ピラミッド型」思考に偏ったひとは、理屈っぽく話が面白くありません。話の途中で考え込んだり、相手の発言に耳をかさなくなったりするのが特徴です。頭の中で絶対に間違いがないことを1つ1つ確認しながら考えを積み上げるので、思考にとても時間がかかり、周りの人から「頭でっかちなひと」と思われがちです。しかし、間違ったことを言わないので、周りからの信頼は得られます。

あなたが、もし自分の感覚だけでものを言うのに抵抗があったり、自分の言っていることが本当に正しいのか振り返ったり、言葉にする前に考え込んだりしていたとしたら、間違いなく「ピラミッド型」思考のひとです。ノリが悪かったり、行動力に難があったりするので、コミュニケーションをとりづらい面があると思います。理系のひと、エンジニアに多いタイプと言えます。論理的に考えようとすればするほど、行動に移すのが遅れてしまうのですが、それを気にしすぎないようにしましょう。

この思考方法の長所は、難問に強く、粘り強く考え続けられるところです。ですから、日常生活で何か問題に直面したら自分なりの分析を試みて、そのとき気づいたことを1つずつ洗い出してください。こうした作業に時間と労力をかけて面倒くさがらずにできるのが、この思考方法を使うひとならではです。きっとそんなことは朝メシ前、お得意のはず。

観察力と分析力を武器にして、日常生活のさまざまな局面で理論家として活躍することでしょう。誰かと言い合いになれば、三段論法で相手をやりこめたりすることもあるでしょう。でも、自信過剰とかたくなな態度は百害あって一利なしです。いつも良好なコミュニケーションをとろうと心がけることで、信頼感がぐっと高まります。人生はままならないもので、理論的に考えても問題解決のカギが見つからないこともあります。そのとき、あせるのは禁物。現状を冷静に分析して、確信できることを1つずつ積み上げていきましょう。

しらみつぶし型思考

info ルールを作って、もれなく1つずつ確認しながら解いていく思考方法

もっとも時間と労力を使う思考方法。答えとなる可能性のあるものすべてを順番にたどって、答えでないものをつぶしていきます。「はしご型」「ピラミッド型」では解けないときが、「しらみつぶし型」の出番。もれや重複が出ないように作戦を立てて、全部チェック！

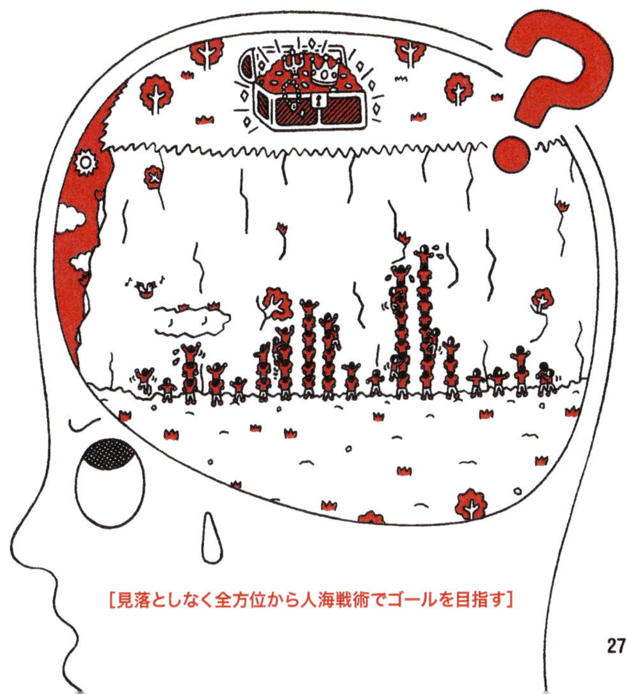

[見落としなく全方位から人海戦術でゴールを目指す]

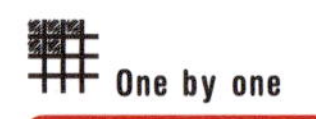

しらみつぶし型思考

3×3の魔方陣にチャレンジ！

マス目に１～９の数字を1つずつ入れて、タテ・ヨコ・ナナメ一列の数字の合計が15になるようにしましょう。

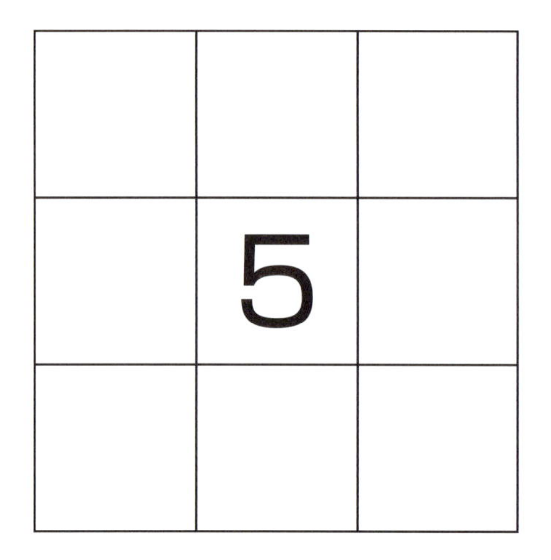

1 2 3 4 ~~5~~ 6 7 8 9

3つのカギ迷路にチャレンジ！

5つのスタートのうち1つを選び、ならんだ部屋を通り抜けて、下にある5つのゴールのうち、どこかにゴールしましょう。

ただし、通ることができる部屋は1～5のうち3種類だけです。つまり、1、2、3の部屋を通ったら、もう4、5の部屋は通れないということになります。

3×3の魔方陣にチャレンジ！

［答え］上の段から：2 7 6、9 5 1、4 3 8
ただし、回転対称形、線対称形などの複数解があります。

問題解説　まずルールとして**「左上のマスに1を入れて、正解がないときは、この数字をだんだん大きくしていく」**と決めます。
左上に1を入れると、右下は9になり、次に1の右隣に2を入れると、上段は合計が15になりません。1の右隣は3や4も15にできません。
続いて1の右隣に6、7、8はどうか？と続けていきます。6は右端のまん中が×、7は右上が7で×、8はやはり右端のまん中が×。ということは、左上に1は入らないことがわかります。

1	2	×
	5	
		9

1	6	8
	5	×
		9

1	7	×
	5	×
		9

1	8	6
	5	×
		9

次に左上の数字を2にすると、右下は8。2の右隣は1や3では15になりません。右隣の4も右端のまん中が×ですね。続いて6、7、9とやっていきます。右隣に6は×で、7が正解となります。

2		
	5	
		8

2	4	9
	5	×
		8

2	6	7
	5	×
	4	8

2	7	6
9	5	1
4	3	8

3つのカギ迷路にチャレンジ！

［答え］1、3、4の組み合わせ

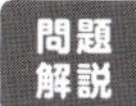

まず、ルールとして３つの部屋を決めることになりますが、その決め方はとくにありません。
3種類の部屋の組み合わせは、１２３、１２４、１２５、１３４、１３５、１４５、２３４、２３５、２４５、３４５の10通り。これに気づけば、あとは順番に1つずつやっていって、答えがないものを消していけばいいのです。まさしく「しらみつぶし」にやっていくわけです。
ただ、よく観察すると、**1か2、4か5は両方とも、どちらかを入れないとクリアできない**ことに気づきます。

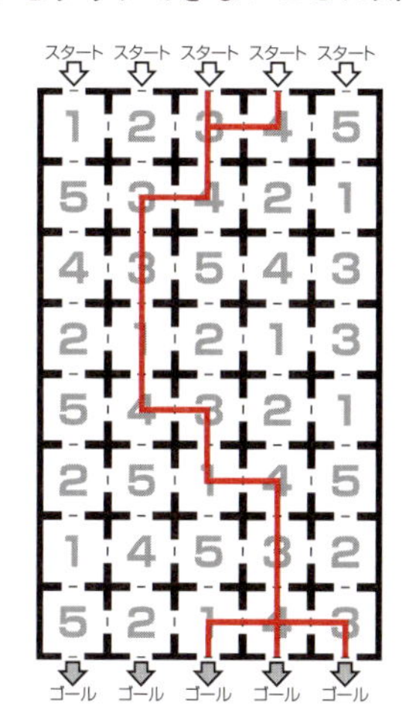

「しらみつぶし型」思考のひとって、どんなタイプ？

とにかく考え方が几帳面なのが「しらみつぶし型」思考に偏ったひとの特徴です。見落としを嫌い、重箱の隅の隅までもれなくつつくタイプです。ただ、ふだんの生活が几帳面だというわけではありません。あなたがもし、何かを行動に移したり、話をしたりするとき、つい「ほかにも答えがあるんじゃないか？」「考え忘れていることはないか？」と気になってしまうとしたら、「しらみつぶし型」思考のひとです。ちょっとでも疑問に思うことがあると、どうしても検証しなくてはいられないのです。何をするにしても時間がかかってしまうので、コミュニケーションには不向きでしょう。研究職や文章校正者に多いタイプですが、世の中では少数派と言えます。

他人との関わり方を楽しむのは苦手なので誤解されやすい面もありますが、ひとの間違いを見つけて正すのはこのタイプのひとです。政治家が適当なことを発言し、官僚が自分の都合のいいように解釈している日本の社会をきれいなルールに保とうとしている縁の下の力持ち的存在です。持ち前の検証力を生かして、たとえ地味であっても世の中のためになる仕事をしていくことでしょう。

この「しらみつぶし型」思考は残念ながら、学校ではやり方を教えてくれません。だから自分なりに検証を行ったつもりでも「まあ、こんなものでいいか」と口に出しているときは、まだ「しらみつぶし」の途中だということにほとんどのひとが気づかないのです。

「しらみつぶし型」とは最初にルールを決めて、もれることなく全部やっていく思考方法です。重複も抜けもなく、きれいに細かくわかりやすく切り分ける作戦を立ててから取り組んでいくので、誰も気づかなかった答えが見つかることもあります。時間がかかるというデメリットはありますが、正確な作業をやっていけば確実に答えにたどり着けます。**パズル問題を解くことで、この思考方法をぜひ身につけてください。**

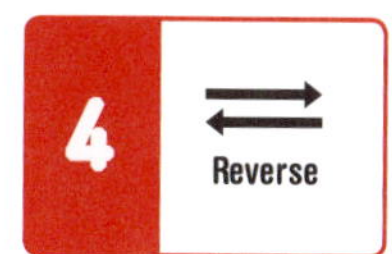

リバース型思考

info 答えを予測し、そこから逆算して解いていく思考方法

問題の中には最終の目的や形がわかるもの、イメージしやすいものがあります。そのときに有効なのが「リバース型」思考です。ゴールからスタートへ真逆に考える場合と、スタートとゴールの両方から挟み撃ちで考える場合の2通りがあります。

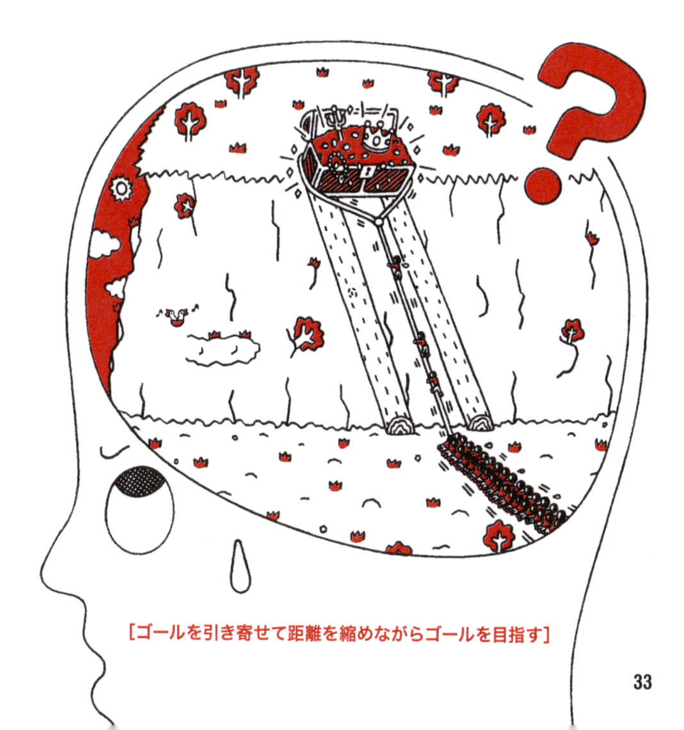

[ゴールを引き寄せて距離を縮めながらゴールを目指す]

マスの数字分だけジャンプ！

最初は左上の「1」からスタート。今いるマスの数字分だけタテかヨコにジャンプして、右下の★にたどり着こう！枠からはみ出してしまうようなジャンプはできません。

1	2	5	1	4	2
3	2	3	2	1	3
3	4	4	1	2	2
2	2	1	4	1	2
3	1	2	3	3	3
1	2	2	3	2	★

ゴールで「1」の目になるように転がして！

絵のスタート位置からゴールまでサイコロを６回転がし、ゴールでサイコロの上の目が「1」になるには、どのルートで転がせばいいでしょうか？
ただし、1マス移動するごとにサイコロは90度回転します。
また、黒いマスを通ることはできません。

マスの数字分だけジャンプ！

問題解説 **「★」**がゴールですから、ここから**さかのぼって考えていきます。**まず上の「2」→左ヨコの「1」→下の「2」→左ヨコの「2」→上の「5」→右ヨコの「1」→右ヨコの「2」→下の「2」→左ヨコの「4」→上の「2」→左ヨコの「1」にたどり着きます。答えは、この逆になります。

このような「迷路」が「リバース型」思考で考えていく典型的な問題です。ここから出る答えから、逆にたどっていけばいいわけです。ですから「逆行型」とも「逆算型」とも言えます。

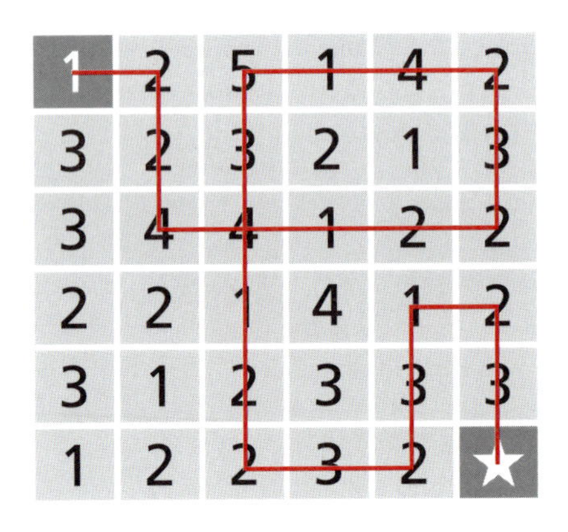

1	2	5	1	4	2
3	2	3	2	1	3
3	4	4	1	2	2
2	2	1	4	1	2
3	1	2	3	3	3
1	2	2	3	2	★

解答 8 ゴールで「1」の目になるように転がして!!

［答え］D→E→I→J→L→ゴール

問題解説 わかりやすくするために、図のようにマスを「A〜L」とします。まず「ゴール」からさかのぼりますが、出口を狭めてあるので、すぐにL→Jと確定します。LもJもサイコロの左面が1の目。というように、常に1の目がどこにあるかを考えます。その手前はFかIですが、Fの場合、1の目は左面、Iの場合は下面です。このどちらかをゴールとして、今度はスタートから考えましょう。このように、ゴールから逆行していって、答えをスタートに近づけておいてから解く方法もあります。
6回しか転がすことができないため、右方向、下方向しか進めないので気をつけましょう。進み方は6通りあります。A→B→F→×、A→E→F→×、D→E→F→×、A→E→I→×、D→E→I→○、D→H→I→×。

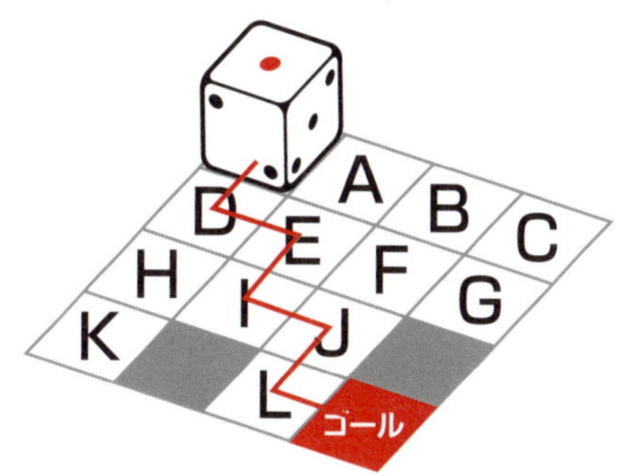

「リバース型」思考のひとって、どんなタイプ?

最終ゴールがイメージできるときに使える思考方法です。パズルや数学のような組み上げる形がわかっている問題や、答えが選択方式の問題ならわかりやすいと思います。しかし、世の中の問題は、まだ起きていない未来のことや、これから作り上げなければならないものが多いはずです。「リバース型」思考は、まず「答えありき」で考えるのです。答えがどうなるかではなく、答えがどうでなければならないかをイメージし、そこへ向かう道筋を考えるのです。

あなたが悩みごとに直面したとき、解決した結末をイメージしながら「こうなるためには……」と考えたのなら「リバース型」を使っているひとと言えるでしょう。ただ、無意識に使うのではなく、意図的に使ってこその思考方法です。パズルも世の中の悩みも、往々にして無意識では「リバース型」思考が発動しないように意地悪く作り込まれているものです。

この思考方法を使いこなせるひとは、想像力があり、頭の切り替えがとても上手だと言えます。企画する仕事やクリエイターに多いタイプです。

私たちはふつう、常に目先の問題にとらわれがちで、問題をクリアしたあとやクリアする瞬間をイメージしてから問題解決にあたろうとはしないものです。だから、もし「リバース型」思考を身につけたいと思ったら、「こうなるためには」をお経のように唱えるのもいいでしょう。**終局から、その手前を考えるクセをつけることが大事なのです。**と、口で言うのは簡単ですが、いざ実践して、意外に難しいと思われた方は、**まずはパズルを解いて、この思考方法を実感するのがいいでしょう。**

ふだんの生活でいつも使えるわけではありませんが、友人や家族などの悩み相談に乗るときなど、この思考方法が使えるはずです。経験値から答えが想像できそうなら悩みの入り口と出口、両方から考えていくことで考える幅を絞っていけます。ただ、何がゴールなのかわからない問題にはまったく使えません。

単純変換型思考

info 無駄なものを省いたり、わかりやすく置き換えて解いていく思考方法

問題の見せかけにダマされないようにして、難しそうに見える問題の情報を整理しながら解いていく思考方法です。一見すると複雑に思える問題でも、よく噛みくだけば簡単だったりするものです。思い込みを捨てて、何を問われているのかをけずり出すことが大切です。

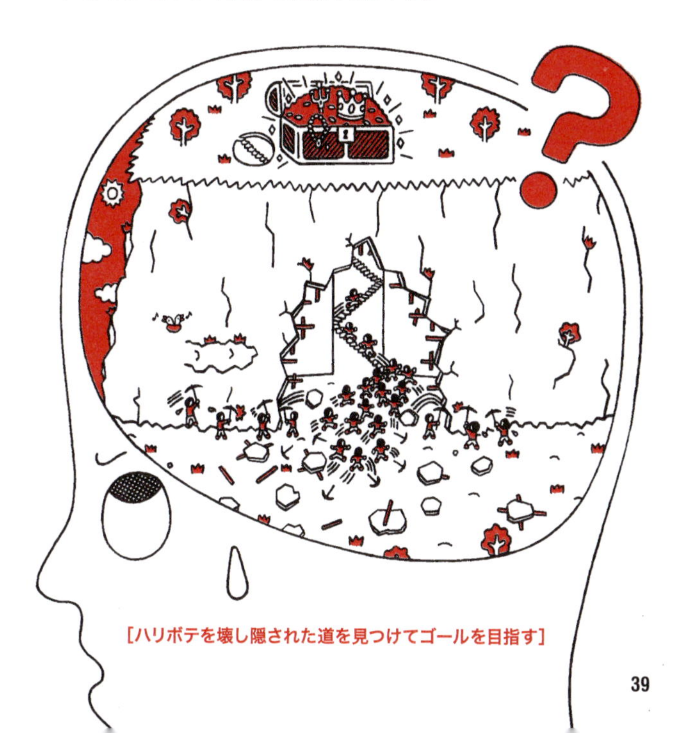

[ハリボテを壊し隠された道を見つけてゴールを目指す]

Simple

単純変換型思考

箱の中には赤・青・黄色のボールが何個ずつ？

箱から２個ボールを出したら、中はすべて赤いボールになりました。
ボールを戻して、また箱から２個ボールを出したら、今度はすべて青になりました。
ボールを戻して、また箱から２個ボールを出したら、今度はすべて黄色になりました。さて、さいしょは箱の中に赤・青・黄色が何個ずつ入っていたでしょう？

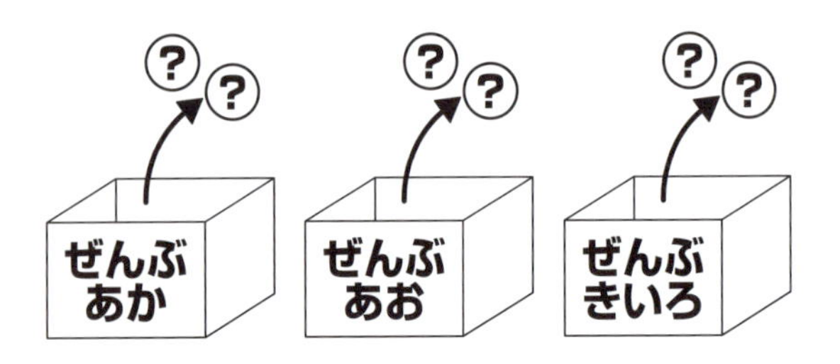

あか	あお	きいろ

東京に近いのはどっち?

Ａくんとｂくんが、それぞれ東京と大阪から出発しました。
Ａくんは１日40km歩きますが、３日目はお休み。
Ｂくんは１日20kmしか歩きませんが、お休みはなし。
東京・大阪の間が600kmだとすると、２人が出会ったとき、
どちらが東京に近いでしょうか？

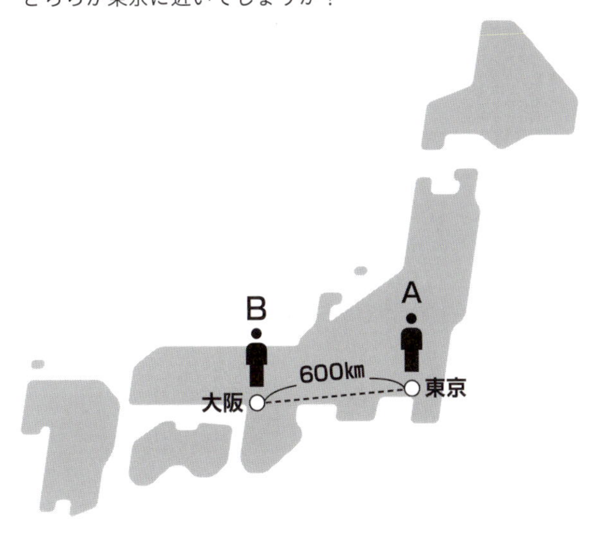

箱の中には赤・青・黄色のボールが何個ずつ？

［答え］赤、青、黄色のボールがそれぞれ1個ずつ入っている。

問題解説 情報を整理して、無駄な情報を省いていきます。問題を読むと、箱から２個のボールを出していくのですが、箱の中に残ったボールは１回目が赤、２回目が青、３回目が黄色だったわけです。これはどういうことでしょうか?

どの場合でも**箱にはボールが１個しか残っていなかった**のです。わかってみれば「なーんだ」と思うかもしれませんが、**問題文に「ぜんぶ」という情報があるために、問題をわかりにくくしている**のです。

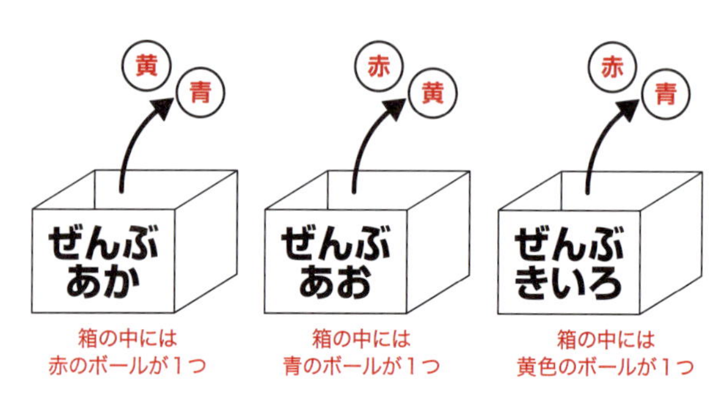

解答 10 東京に近いのはどっち？

[答え] 東京からの距離はAくんもBくんも「同じ」。

問題解説 この問題に計算はいっさい必要ありません。キーワードは「２人が出会ったとき」。そう、**２人とも同じ場所にいるわけですから、AくんもBくんも東京から同じ距離**にいるのです。〝言葉の仕掛け〟にだまされたひとも多いのではないでしょうか。

このような「いじわるパズル」は、**無駄な情報を加えることで、だまされやすいように構成されています。**この問題でいえば、「600km」や、「AくんやBくんが１日に進む距離」というのは必要のない情報になるわけですね。**問題をすごく単純化すると答えが見えてくることがあります。**単純化とは「無駄なものを切り離す」ことです。**単純化するやり方は、数学的には大事なことで、本質的な部分を抜き出すこと**になります。問題をどれだけ頭の中でかみ砕けるかが、解決するうえでは大事になってくるわけですね。

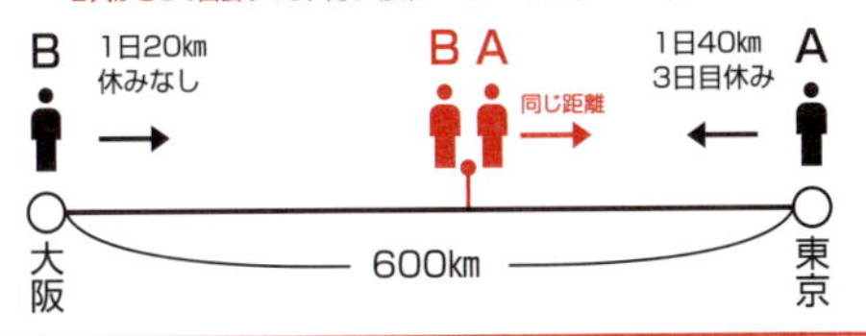

この後に続くPart 2では、いくつかの思考方法を同時に使う問題が出てきます。単純変換型のパーセンテージが高い問題ほど、着眼点に気をつけてください。簡単に解ける考え方が見つかるはずです。

「単純変換型」思考のひとって、どんなタイプ？

「単純変換型」思考は人間社会で生きていくうえでもっとも大切かもしれません。人々の思惑が複雑に絡み合う現代社会。「問題はそれほど単純じゃない！」そんな言葉を耳にしたことがありませんか？　そのとき「それほど複雑でもないよ！」と思えるのであれば、「単純変換型」思考を使えるひとです。複雑だと思うのは、頭の中で問題が横並びになっているからです。**問題を1つ1つ整理していけば、重要なものと考えなくてもよいもの、優先するものと後でもよいものに分かれていきます。**

あなたがもし、相手の長い言い訳や説明を最後まで聞いたのちに、「つまり、こういうことですか？」とすぐに聞き返すことができるのであれば、「単純変換型」思考を使いこなしているひとです。気持ちも頭も冷静なのです。

ここで取り上げている５つのタイプを会社で考えてみると、**「はしご型」は営業、「ピラミッド型」は技術者、「しらみつぶし型」は研究者、あるいは総務や経理にもいるかもしれません。「リバース型」は役員候補、そして「単純変換型」は経営者タイプ**と言えます。

「はしご型」「ピラミッド型」「しらみつぶし型」の３つの思考術は、ひとによって得意・不得意がはっきりしています。このなかでは圧倒的に「はしご型」タイプが多いと思います。

「単純変換型」思考のひとは、無駄をそぎ落としていこうとするので、問題点がはっきり見えてきます。それ故、本質を見極めることができるようになるわけです。当然ですが、無駄なことをしないぶん、遠回りをしなくてもすみます。ひとが何か問題や悩みにぶつかったとき、それを難しくしているのは当の本人だったりするものです。

「リバース型」と「単純変換型」の２つの思考術は難易度が高く、意識的に使いこなすのには難しい面もありますが、**最初の３つにこの２つがプラスされたとき、役員や経営者への道が開けてくるのです。**

Part 2

小学生が解いている「人気パズル教室・問題集」

さあ、いよいよパズル問題にチャレンジです。本書に掲載してあるパズル問題はすべて、実際に人気パズル教室で小学生が解いている問題です。小学校高学年と低学年の正答率も出してありますので、1日1問でいいから楽しみながら解いてみてください。きっと、あなたは自分の「頭の回転が速くなる」ことを実感します！

【パズル問題の仕様書】

問題についているDataバーの説明①

●制限時間
小学生用に設けているものです

使う思考

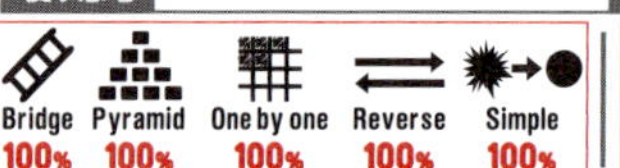

3min

低 8%
高 15%

●使う思考
5つの思考術：はしご型、
ピラミッド型、しらみつぶし型、
リバース型、単純変換型

●小学生の正解率
星野孝博のパズル教室での「小学生正解率」を棒グラフで表示してあります。「低」は低学年（1～3年生）、「高」は高学年（4～6年生）

問題についているDataバーの説明②

問題の多くは、複数の思考術を使って解きます。本書では、それぞれのアイコンに使う度合いをパーセンテージで表示してあります。

使う思考　制限時間　小学生の正解率

Bridge -%　Pyramid 20%　One by one 80%　Reverse -%　Simple -%

3min

低 8%
高 15%

●しらみつぶし型の思考方法を使うのが80%
●ピラミッド型の思考方法を使うのが20%

難問と思われる問題には「解き方のアドバイス」を掲載していますので、ぜひ参考にしてみてください。

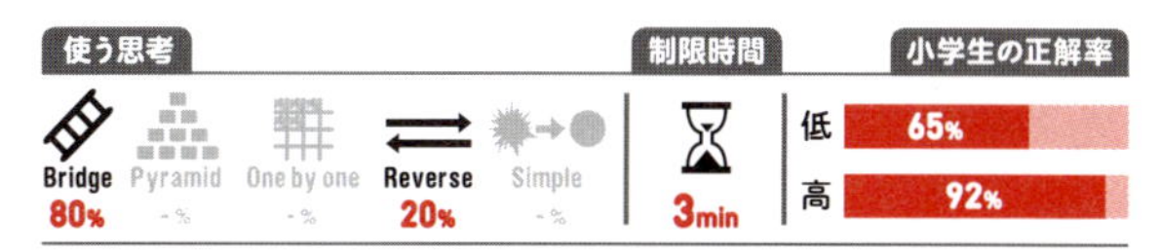

タイルで正方形を作ろう!

このタテ6㎝、ヨコ4㎝、厚さ2㎝のタイルをすき間なく並べて、正方形を作る場合、タイルは最低何枚必要でしょう?

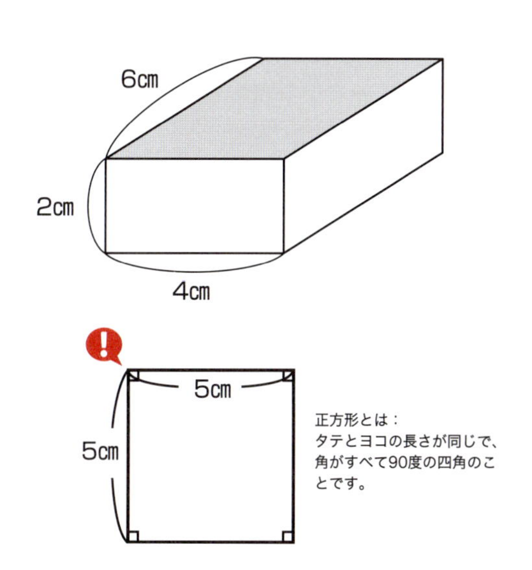

タイルで正方形を作ろう！

［答え］２枚

問題解説 多くのひとは、４cmと６cmの最小公倍数を求めたのではないでしょうか。ちなみに、４cmと６cmの最小公倍数は12cmです。タテ・ヨコがそれぞれ12cmの正方形を作るとして、タイルの数は最低６枚。よって、答えは６枚と自信をもって答えたひとも多いでしょう。残念ですが、この問題は「６枚という答えは違うな」というところからスタートします。問題をよく読むと、**このタイルをどう使って正方形を作るのかは、書かれていません。**それに、**厚さ２cmという情報**も見落としてはいけません。ここに気づけば、ヨコ４cm、厚さ４cmで正方形ができることがわかります。

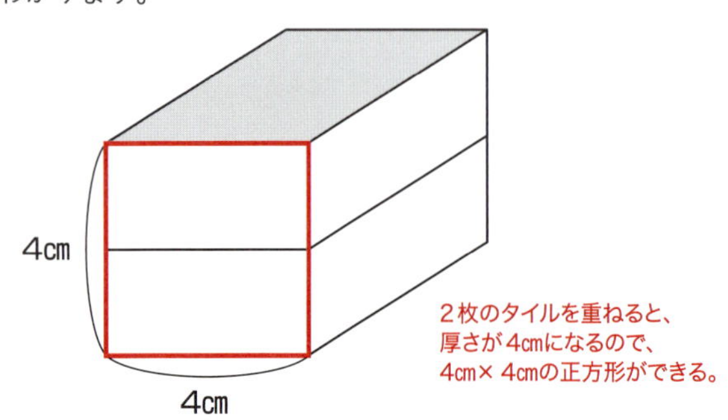

実際のパズル教室では、小学校1年生〜6年生までが同じ問題を解いています。本書で取り上げている問題も、ほとんどは最小公倍数やかけ算を使わなくても解ける問題になっています。

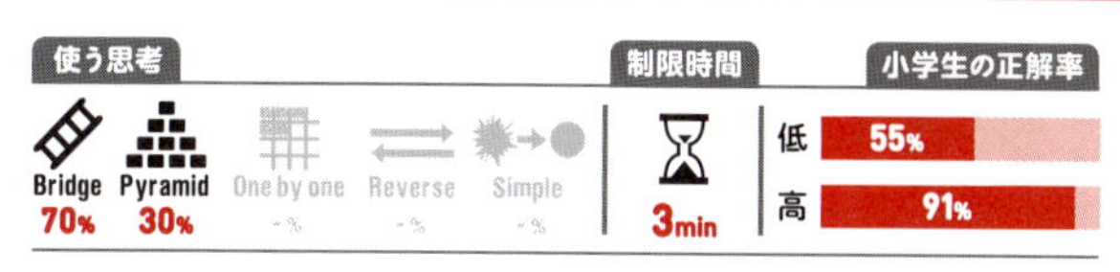

問題12 法則を推理するパズル

?に入る数字は何でしょう? 法則を推理して、答えましょう。

5,6,4,7,3,8,2,?

法則を推理するパズル

5,6,4,7,3,8,2,9

問題解説 一見、何の法則性もなく並んでいるように見えますが、**前後の関係をよく観察してみましょう。**まずは、**足したり、引いたりしてみます。**
左右の数字を比べていくと、1つ増えて、2つ減って、3つ増えて、4つ減って、5つ増えて、6つ減って、次が「?」になっています。この法則に従えば、次は「7つ増える」ことになります。2から7つ増えて「?」は9になります。
5＋6＝11、4＋7＝11、3＋8＝11、2＋?＝11になるので「?＝9」と解いた方もいるでしょう。

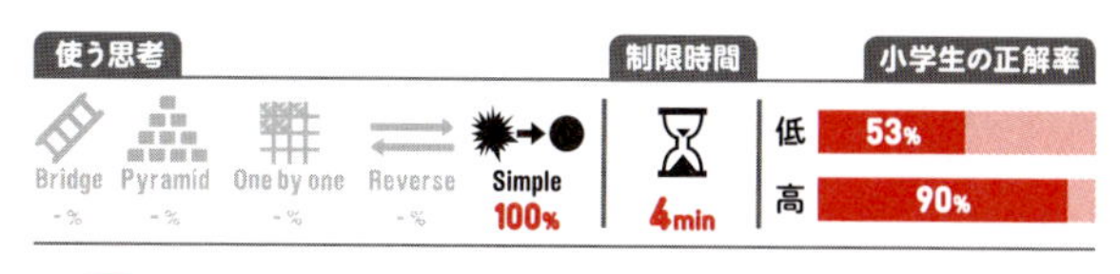

問題 13 住んでいるのは何人？

10軒の家が一列に並んでいる小さな村があります。
今日、左から３番目の家にＡさんが引っ越してきて、一人暮らしを始めました。まん中の２軒のうち、どちらかは２人で住んでいるＢさん夫婦の家です。
５人家族のＣさんの家は、列のはじにあります。一人暮らしの家の両どなりは、かならず３人家族です。
では、問題です。
右から８番目の家には、何人住んでいるでしょう？

解答13 住んでいるのは何人?

［答え］ 1人

この問題は情報の整理をするまでもなく、読みながら答えが見つかったひとも多いかもしれません。まずは図の家に、左から順番に番号を1～10とふり、右からも順番に①～⑩とふってみましょう。

次に問題文から情報を整理してみます。
（ア） Aさんは、左から3番目、右から8番目に、1人で住んでいる。
（イ） Bさんは左からも右からも5番目か6番目に、2人で住んでいる。
（ウ） Cさんは左からも右からも1番目か10番目に、5人で住んでいる。
問題は「右から8番目の家には、何人住んでいるでしょう?」ですから、（ア）から1人とすぐにわかります。

問題 14 あいだの数を□に入れよう!

ピラミッドのように並んでいるマス目に、ルールに従って数字を書きましょう。

【ルール1】下にマスがある場合は、下2つのマス目に書いてある数字の、あいだの数を書きましょう。あいだの数は1つとは限りません。

【ルール2】同じ数字を2回以上使ってはいけません。

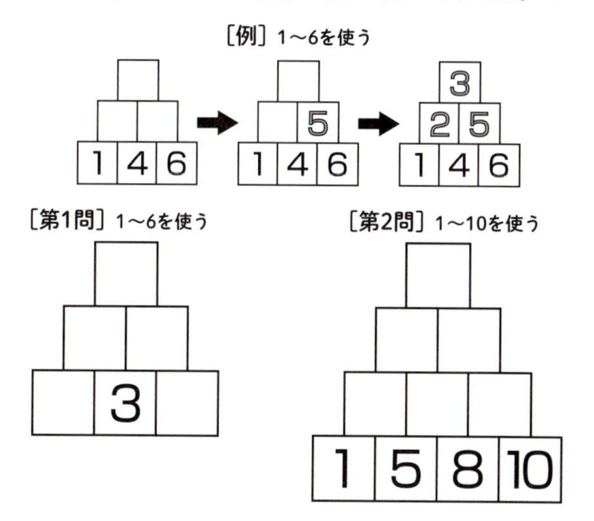

あいだの数を□に入れよう!

[答え] 第1問

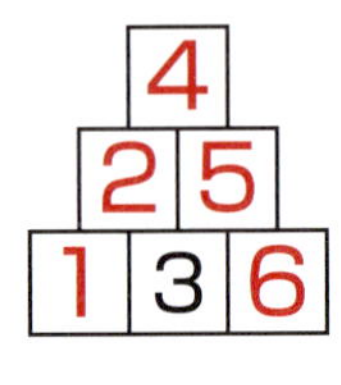

[答え] 第2問

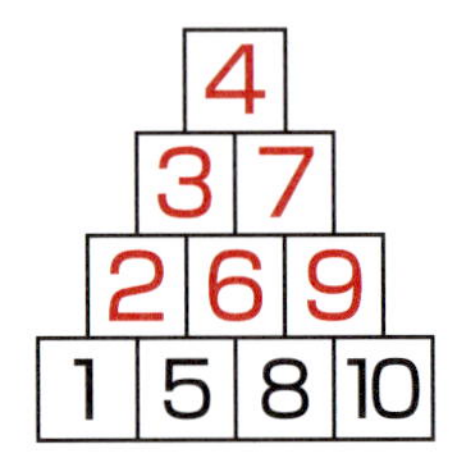

ルール

1. 下にマスがある場合は、下2つのマス目に書いてある数字の、あいだの数を書きましょう。
2. 同じ数字を2回以上使ってはいけません。

この問題は法則にいかに気づくかがポイントです。法則は残っている数のなかで、**左側の□にはもっとも小さい数が入り、右側の□にはもっとも大きい数が入ります。**第1問は例題と同じ。法則に従って考えれば、下段は左が1、右が6。2段目は2と5。上の段は4となります。この法則で、第2問も解いていきます。まずは2段目から、左の□は2、右の□は9だとわかります。まん中は6か7ですが、ここでルール1を思い出してみてください。

【ルール1】下にマスがある場合は、下2つのマス目に書いてある数字の、あいだの数を書きましょう。

まん中に7を入れると、3段目の右は7と9のあいだの数しか入りません。しかし、8はすでに下段で使われているので、まん中は6と決定。3段目は左の□が3、右の□が7、そして一番上の□が4になります。

動いたブロックはどれ?

どのブロックが動いたかを答えましょう。

[例] 動いたブロック：3個

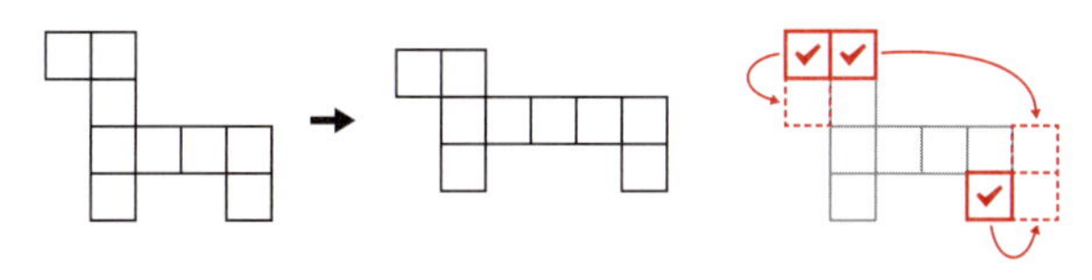

[第1問] 動いたブロック：2個

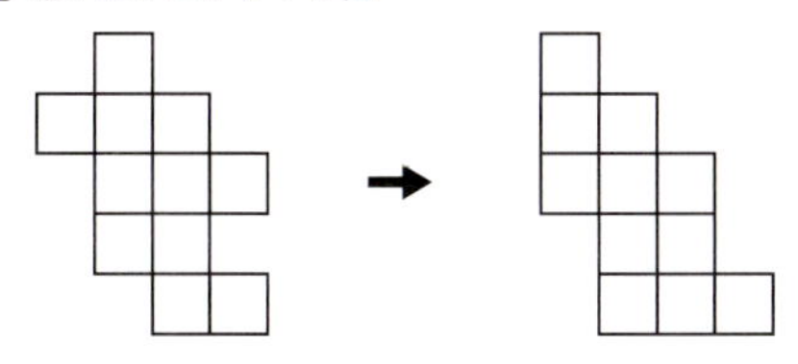

[第2問] 動いたブロック：3個

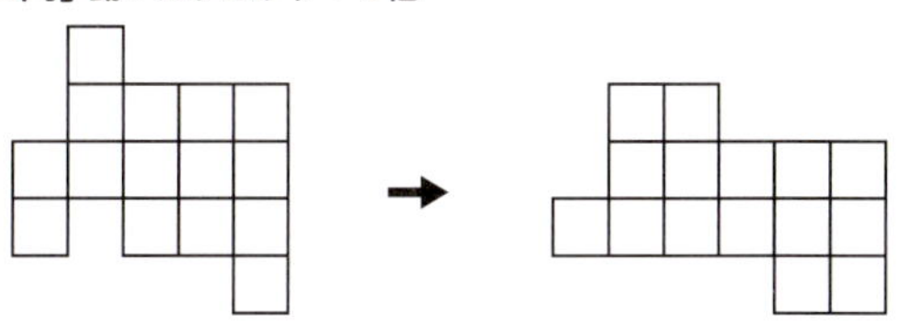

解答 15 動いたブロックはどれ？

［答え］第１問

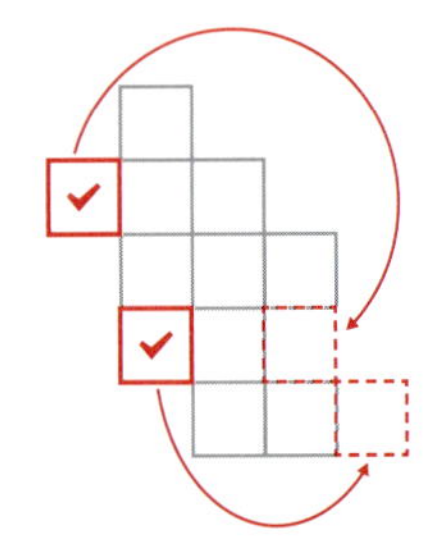

［答え］第２問

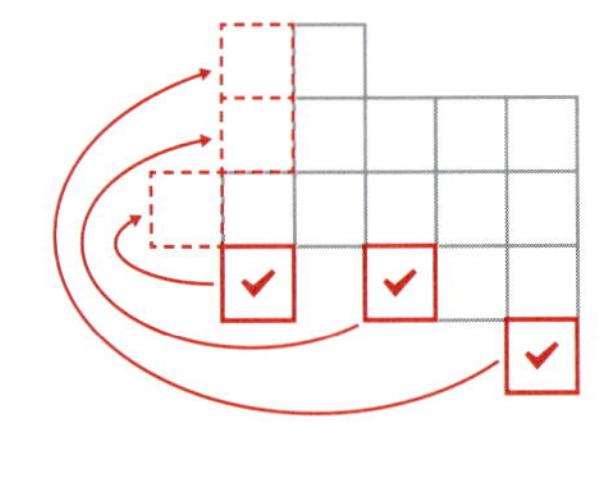

問題解説 **理想的な解き方は、動かす前の図形と動かした後の図形を重ね合わせること。それを頭の中でイメージします。**第１問でいえば、重なりが多いところで合わせましょう。問題図の右側にあるタテ４個に動かした後の図のタテ４個を合わせると、動かすブロックがわかります。左側の図も同様。**こういうやり方は「はしご型」思考です。**第２問も、どこで合わせるかが重要。ブロックが多いヨコの列に注目。動かした後にヨコ６個の列にするには、問題図のヨコ５個の列を６個の列にうしろから合わせればいいと気づいたでしょうか。**これでできあがりの図が見えているので、そこから「リバース型」思考で考えれば、重ねるという発想にたどり着けるはず。**１個ずつ動かしたブロックを書いていくと、正解はなかなか見つからないかもしれません。図形を重ねることに気づけば、そのあとは「はしご型」思考で解いていきます。

左にしか曲がれない町!?

➡ からスタートして、A、B、C、Dのどこかの家に着きたいのですが、この町では、道は左にしか曲がれません。A、B、C、Dのうち、たどり着けない家はどれでしょう？

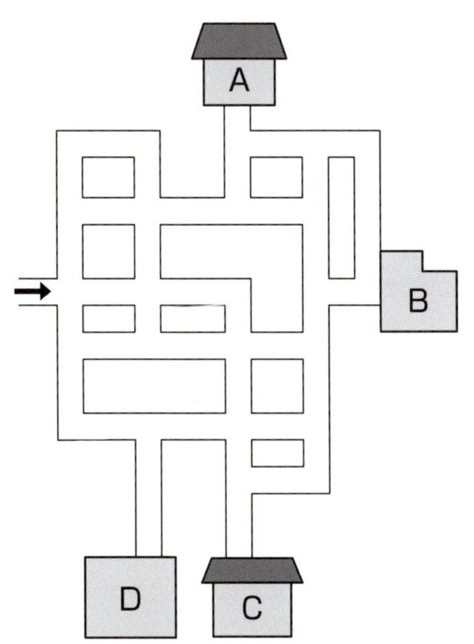

左にしか曲がれない町!?

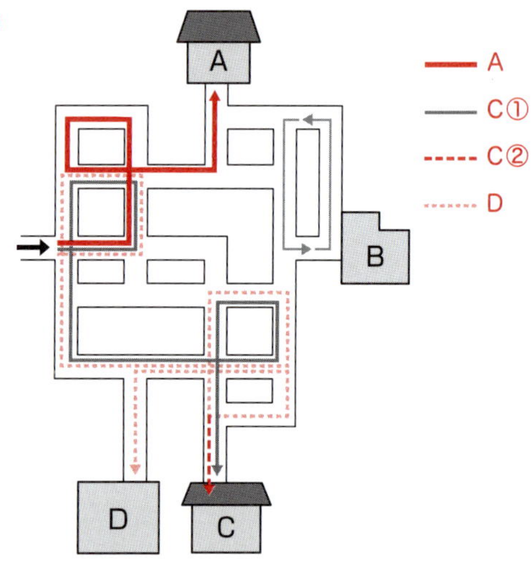

問題解説　Aは解答図のように行けば、簡単にたどり着くことがわかります。Bは「リバース型」思考で考えると、**左に曲がってBの家に入れない**ので、上へ行ったり来たりを繰り返してしまい、スタート地点からBには行けません。CとDは、ゴールを近づけてあげればわかりやすくなります。

まず、左に曲がってCの家へ入るルートは2つ（C①、C②)、そのうちの1つはDの家に入るルート（C①）でもあります。**どこから家に入ればいいのかを考えると、おのずと答えのルートが見つかる**はずです。

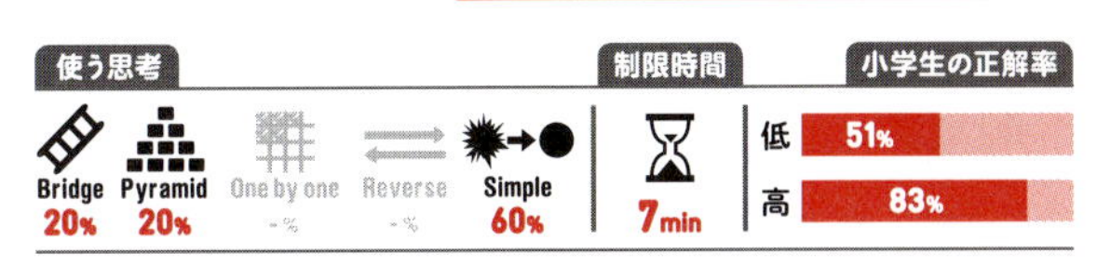

順位を当てよう！

50メートル走をしました。走ったひとが順位について話しています。

ウソをついているひとはいません。話をよく読んで、誰が何位だったかを答えましょう。

[第1問]

A：ぼくは1位じゃなかった。

B：ぼくの後にゴールしたひとが1人だけいた。

C：ぼくは1位か2位だった！

[答え]

1位 [　　]

2位 [　　]

3位 [　　]

[第2問]

A：ぼくはBくんよりおそかった。

B：ぼくはCくんよりはやかった。

C：ぼくはAくんよりはやかった。

D：ぼくはBくんよりはやかった。

[答え]

1位 [　　]

2位 [　　]

3位 [　　]

4位 [　　]

解答
17 順位を当てよう！

［答え］第１問：1位［C］／2位［B］／3位［A］
［答え］第２問：1位［D］／2位［B］／3位［C］／4位［A］

この問題は「単純変換型」思考で解きます。無駄な情報を省いてあげれば答えが見えてきます。
第１問は、Ａくんの話から、Ａくんは１位ではないので２位か３位。
次に、Ｂくんの話から、Ｂくんの後に１人いるので、Ｂくんは２位と決定。
Ｂくんが２位なので、Ｃくんの話から、Ｃくんが１位。そして、残るＡくんは３位ということになります。
第２問は、Ａ、Ｂ、Ｃ、Ｄの４人の話から整理し、それぞれの順番をつけると、
①Ｂくん→Ａくん
②Ｂくん→Ｃくん
③Ｃくん→Ａくん
④Ｄくん→Ｂくん
となります。
①と④から、Ｄくん→Ｂくん→Ａくんという順番になることがわかります。次に、②と③からＣくんの順位が決まります。したがって答えは、
Ｄくん→Ｂくん→Ｃくん→Ａくん
このように、まずは問題文に書かれた情報を整理することから始めてみましょう。

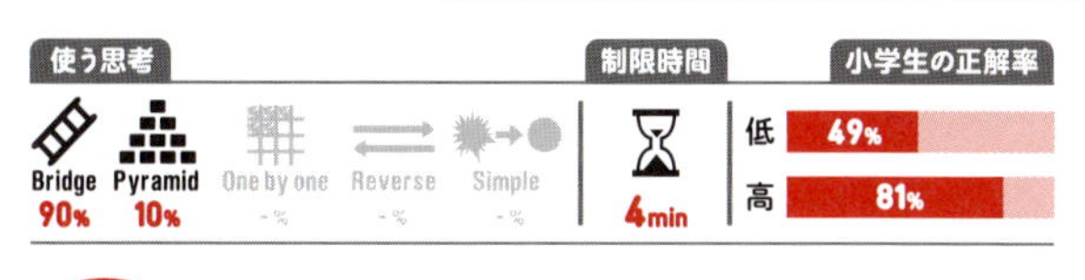

法則推理パズル

？に入る数字は何でしょう？ 法則を推理して、答えましょう。

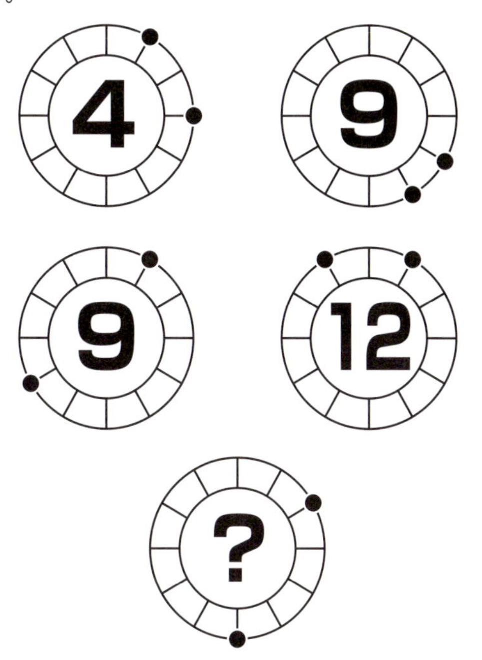

解答

18 法則推理パズル

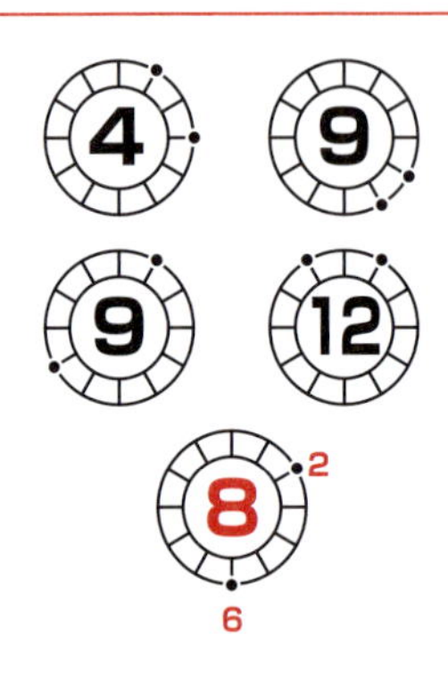

問題解説 手がかりをどこに求めるかですが、円形の区切りを数えてみると**12あるので、この円は時計を表している**ことに気づきましたでしょうか。
数字の4を見てみると、**時計の文字ばんの1時と3時を足したもので**あることがわかります。その**右の9は4時と5時を足したもの、下の9は1時+8時で、12は1時+11時**となります。

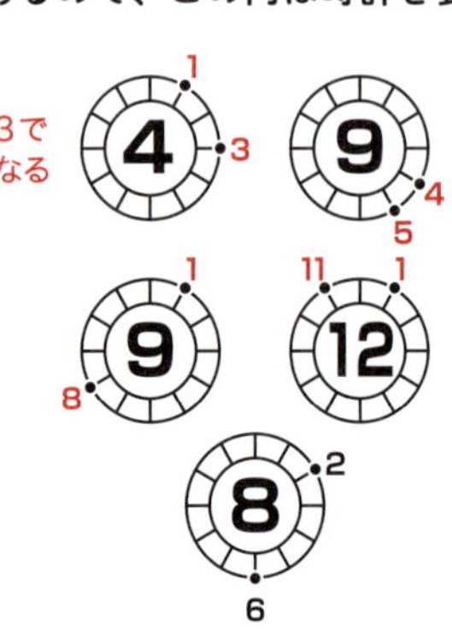

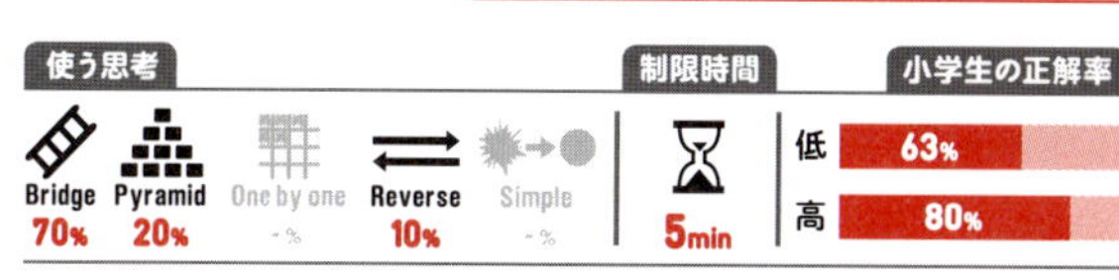

1から順番に数字を入れていって！

マスに数字を書くパズルです。スタートは1です。1のタテ・ヨコのとなりに2、そのとなりに3、というように順番に書いていきます。もとから書いてある数字をヒントに、空いたマスすべてに数字を書きましょう。

［例］1〜9

1		9
4		

［答］

1	2	9
4	3	8
5	6	7

［第1問］

1	8		
	4		12

［第2問］

1			16		
				24	
			12		
6					

解答 19 1から順番に数字を入れていって！

[答え] 第1問

1	8	9	10
2	7	6	11
3	4	5	12

[答え] 第2問

1	2	15	16	17	18
4	3	14	13	24	19
5	8	9	12	23	20
6	7	10	11	22	21

問題解説 すでに書き込んである数字から、答えを予測していきます。第1問は、右下の12から考えていくと、8まで行くには、上に11→10で次にヨコへ9→8。その他の行き方はありません。4へ行くのも、行き方は1つだけ。スタートの1から考えていってもスムーズに解けます。
第2問は、**どうやって24から16へ行けばいいのか**を考えてみます。まずは**下に23、さらに下に22**と入れます。次に**左へ行くと、12を閉じ込めてしまう**ので、右から上を目指します。**21から上へ行くと、そのまま16までは、20→19→18→17。**
次に16から12へ行くルートは、下へ行くと、左のマスが孤立してしまうことがわかります。したがって、**16から左に15、下へ14、右へ13と進んで12に着くようにします。12から6へ行くには、下へ11、左へ10、上へ9、左へ8、下へ7**となります。このように、「リバース型」思考でたどりながら見当をつけていきます。

問題 20 4本のくさりを大きな輪にしよう！

３つの部品がつながったくさりが4本あります。これらをつないで、１つの大きな輪に加工したいと思います。加工費は部品を１回切り、さらに１回くっつけるのに100円かかります。なるべく安く１つの輪にするとしたら、いくらかかるでしょう？

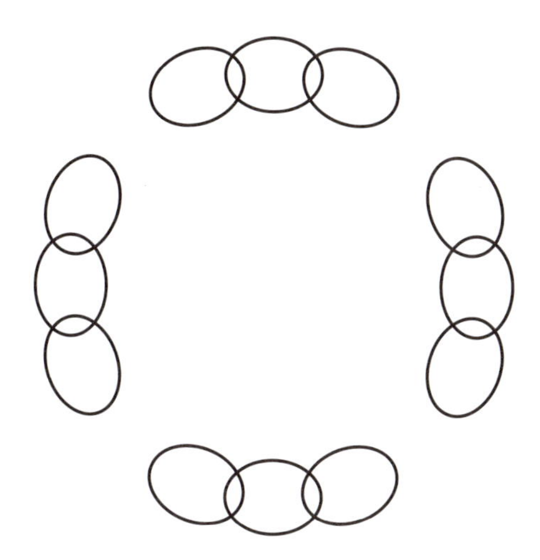

4本のくさりを大きな輪にしよう！

［答え］300円

問題解説 この問題は、400円ではないと思うことがポイントです。**Part1にある問題1のホースと同じです。下図のように、1本のくさりを切るくさりにして、3回切って3回くっつける**が正解です。

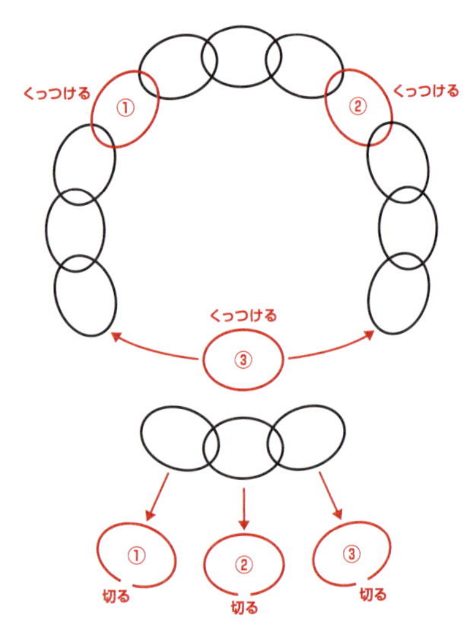

加工費は部品を1回切り、1回くっつけるのが100円ですから、3回切って3回くっつけるので、答えは300円になります。

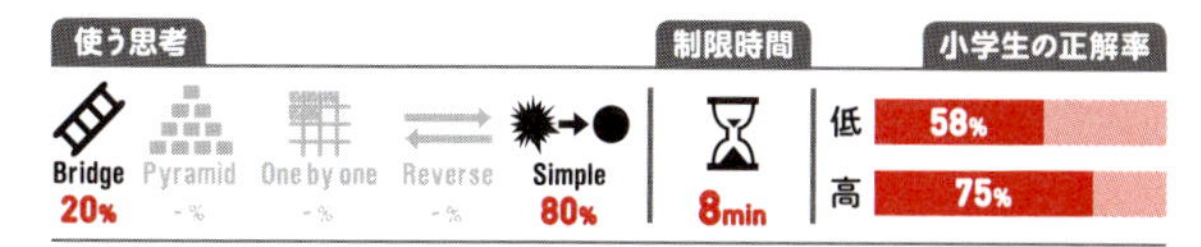

問題 21 絵は今どこに？

ある美術館には、11の部屋があります。この美術館で一番価値が高い絵は、いつもは6番の部屋に飾ってあります。ところが、美術館を掃除するときに、5人のガードマンがそれぞれ絵を別の部屋に動かしてしまいました。絵をどのように動かしたかはわかっていますが、5人がどの順番で動かしたかはわかりません。

5人の話を聞いて、絵は今どの部屋にあるかを当ててください。

5人はガードマンなので、ウソはついていません。

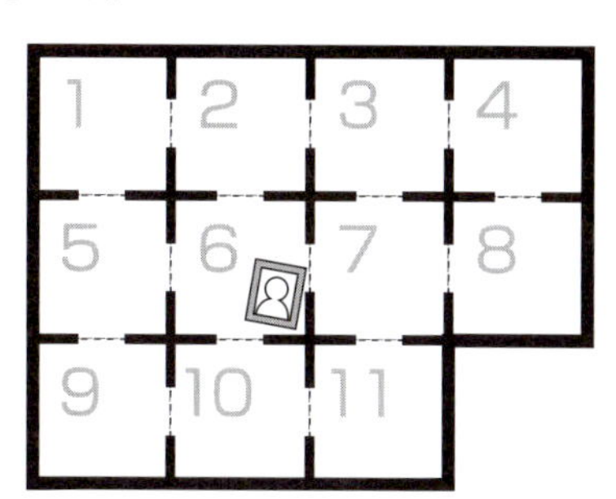

A「絵は、2つ上の部屋に動かしたよ（↑↑）」

B「2つ左の部屋に持っていったよ（←←）」

C「私は1つ右下の部屋に動かした（→↓）」

D「1つ下の部屋に動かしました（↓）」

E「1つ右上の部屋に動かしましたね（→↑）」

絵は今どこに？

[答え] 2

問題解説 これは座標の問題なのですが、まず思いつくのは、A～Eのどれから検証し、最初に行けるガードマンを見つけて、その通りに動かしてみる方法。それでも解けますが、ここは「単純変換型」思考で解きましょう。シンプルに考えます。まず単純変換で、**問題文をわかりやすくします。**絵を動かすのは**「どういう順番でもいい」**ことに気づきましたでしょうか。つまり、**A～Eの順番はどれからやっても、答えは変わらない**ので、左右上下に動かした数を単純に足し算、引き算すればいいのです。X座標とY座標を別々に考えても同じ。Y座標はAが上2回、Cが下1回、Dが下1回、Eが上1回（2－1－1＋1＝1）なので上に1回動く。X座標はBが左2回、Cが右1回、Eが右1回（2－1－1＝0）で動いていないので、上に1回動いただけになり、答えは2の部屋。

使う思考

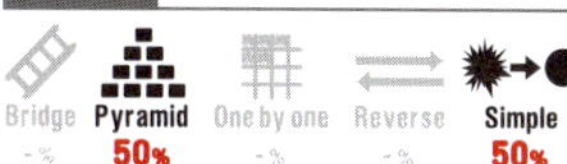

制限時間

小学生の正解率

低 50%
高 74%

問題 22 ルールどおりに マス目に形を書いて!

文章で書いてある3つのルールを守るように、マス目に形を書きましょう。

［第1問］

1. ○・△・×はおなじかず
2. ○と×はタテ・ヨコにくっつかない
3. ○と○、×と×はタテ・ヨコにくっついてもいい

［第2問］

1. ○・△・×・□はおなじかず
2. ○と×、○と△はタテ・ヨコにくっつかない
3. ×・△・□はタテ・ヨコにくっついてもいい

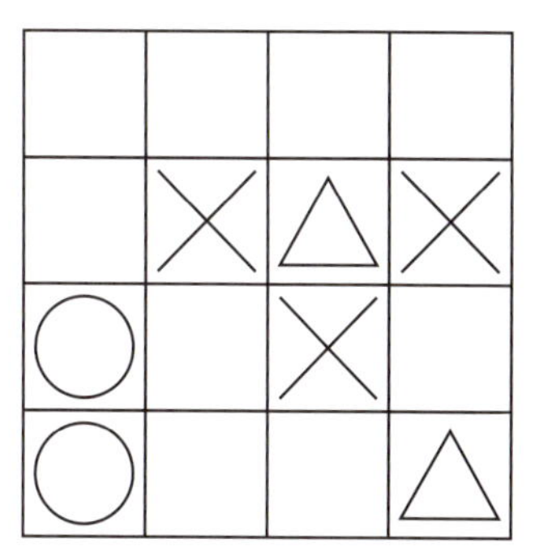

解答 22

ルールどおりにマス目に形を書いて!

［答え］第1問

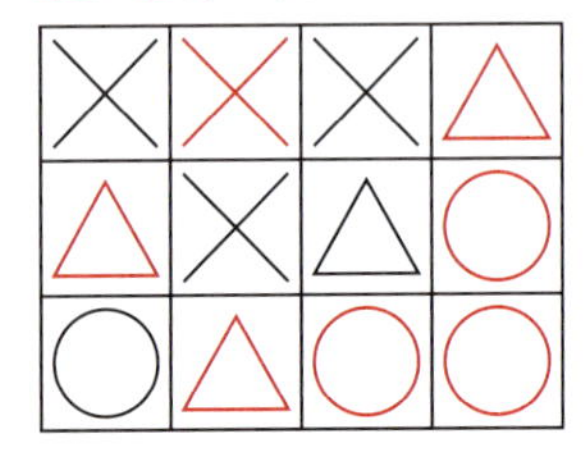

［答え］第2問

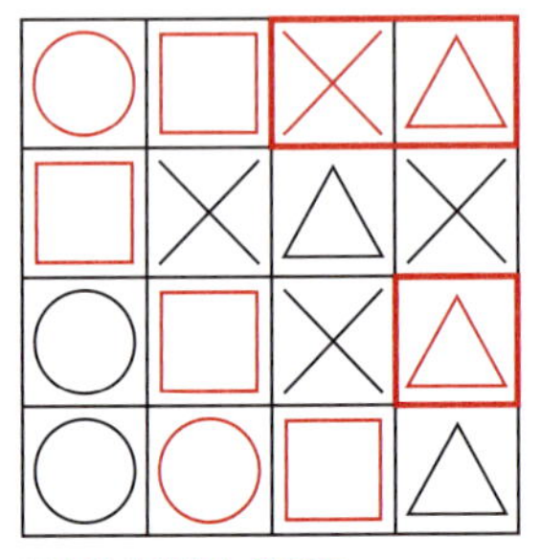

※赤枠内は入れ替え可

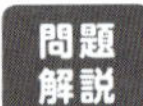

この問題は「単純変換型」思考で考えていきます。問題の情報を整理すると、第１問はこうなります。

（ア）×にくっつかないように、○を３つ書けばよい。

（イ）そのあとで、○にくっつかないようにして×を１つ書けばよい。

（ウ）△はどこでもいいので、３つ書けばよい。

このように問題をかみ砕いて考えれば、難しくないでしょう。

同じようにして、第２問も情報をかみ砕いてみます。

（ア）△と×にくっつかないようにして、○を２つ書く。

（イ）○にくっつく場所には□を４つ置く。

（ウ）あとはなんでもいい。

これで、かなりシンプルな問題になりますが、まずは情報を整理する習慣をつけると、ほかの問題でも役立ちます。

ひらめき問題①②

問題①

「？」に入るひらがなは何でしょう？

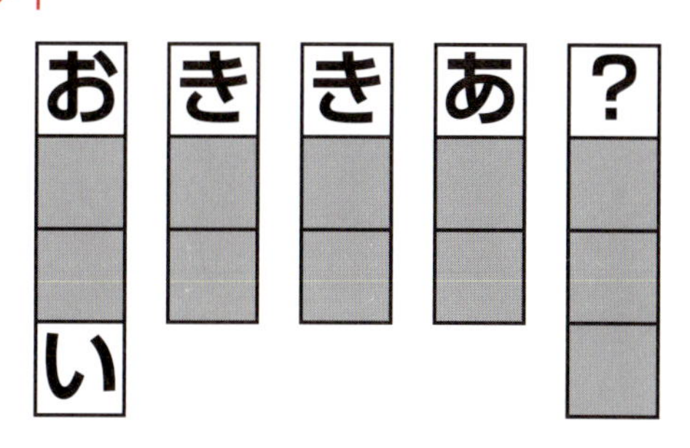

問題②

「？」に入るひらがな1文字は？

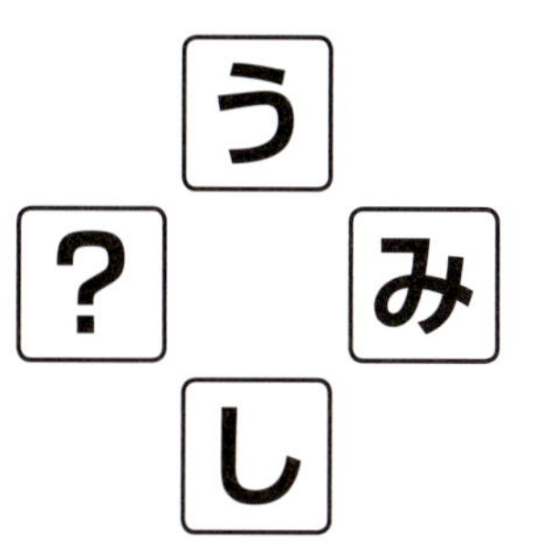

ひらめき問題①②

[答え] 問題①　[答え] 問題②

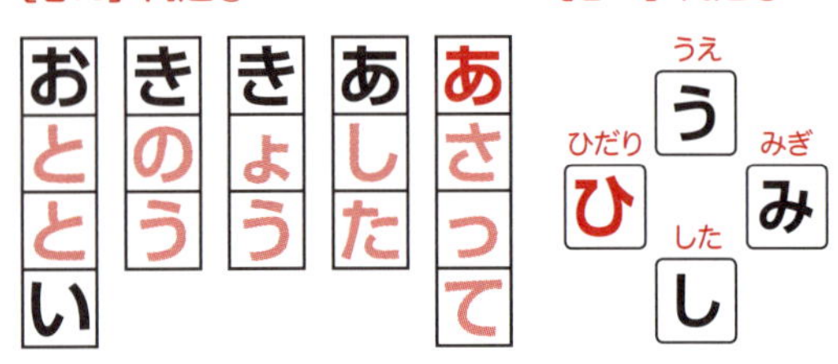

問題解説　頭の使い方は「インプット→思考→アウトプット」

頭の使い方は、必ずしも試行錯誤だけとは限りません。ここに取り上げた問題は、試行錯誤しようと思ってもなかなか答えにたどり着きません。この問題を解くときに必要なのは「想像力」。言い換えれば、頭の中を検索する力です。

知識を吸収することに加えて、その知識をいかに効率よく引っ張り出すか――このインプットとアウトプットの関係性は、頭を使ううえでとても重要になってきます。

頭の使い方は、基本的には「インプット→思考→アウトプット」という流れです。本書では「思考」を詳しく取り上げていますので、この「ひらめき問題」では「インプットとアウトプット」の訓練をしてみてください。

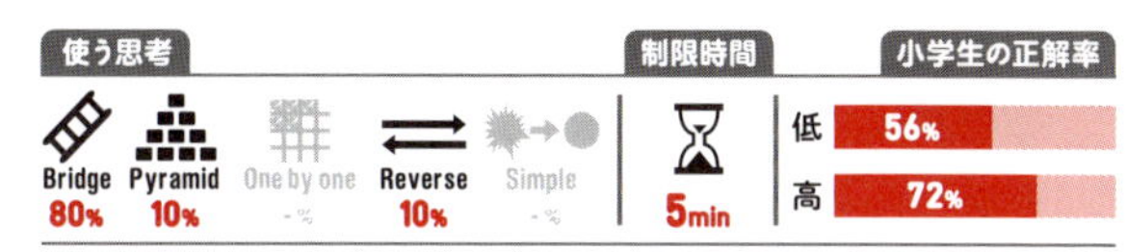

問題 23 数字つなぎ

1からスタートして9まで、線を引きましょう。

［ルール］

1. 1から9まで順番につないでいく。
2. 一度線を引いたマスにはもう線を引けない。
3. すべてのマスに線を引く。

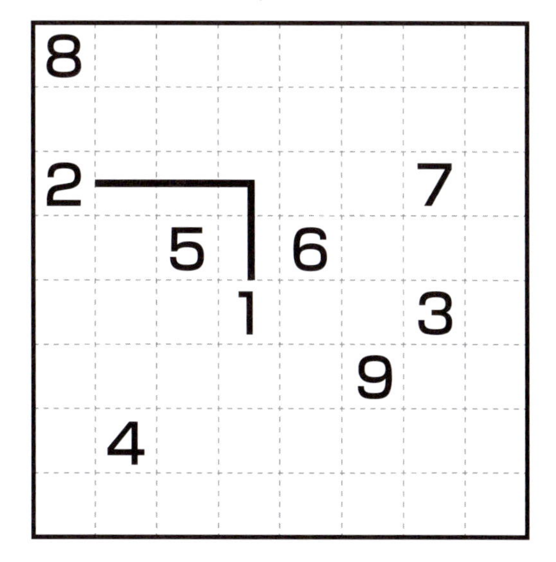

解答 23 数字つなぎ

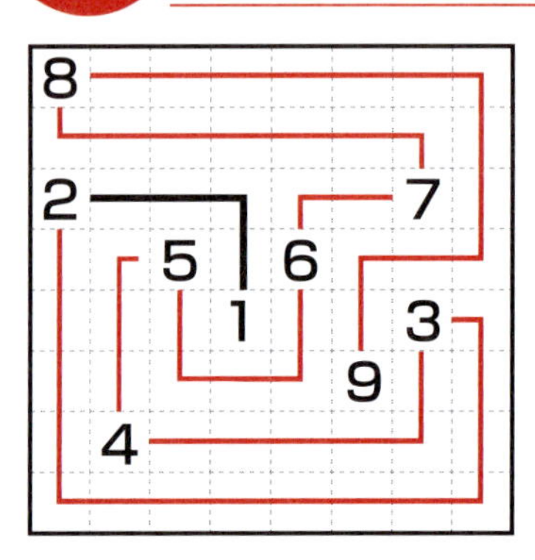

ルール

1. 1から9まで順番につないでいく。
2. 一度線を引いたマスにはもう線を引けない。
2. すべてのマスに線を引く。

問題解説 感覚的に解く問題です。理屈はありませんが、**絶対に通ってはいけない箇所があります。**たとえば、**2と3を結ぶときに、4と5の間を通ってしまうと4と5を分断してしまいます。**あとは、端や狭いところを残すと分断されやすくなるので、まず端から埋めていきます。2から3へ行くのと同じようにして、「リバース型」思考でゴールから始め、9と8を結んでみます。この2つができたら、上記のことを踏まえながら、3から4、5、6、7と順番にやっていきましょう。

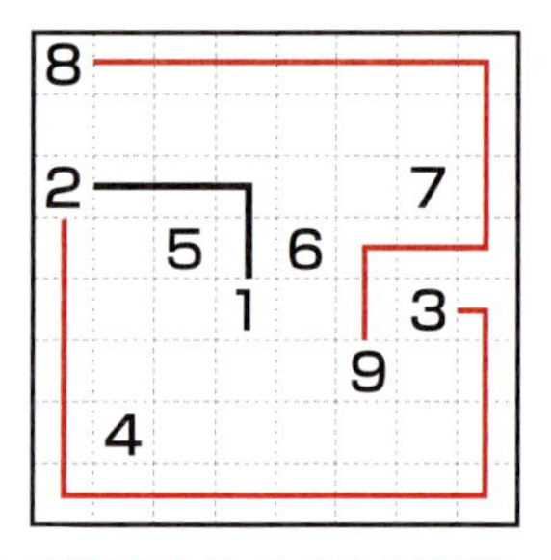

分断されやすいゴールから端を使いながら、先に線を引いておく。

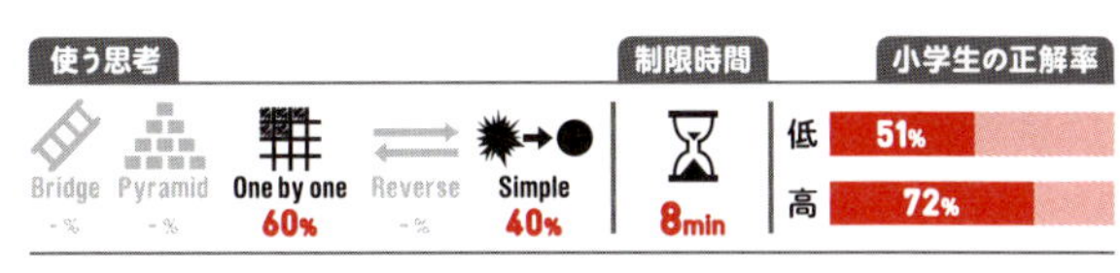

問題 24 3回押して ランプをつけるには？

ランプと、スイッチが２つあります。ランプは、スイッチが２つとも「オン」になると、つきます。スイッチは、押すたびに「オン」「オフ」が入れ替わりますが、見た目には「オン」なのか「オフ」なのかはわかりません。

ランプをつけるために次の３つの押し方ができます。
どれも、「１回スイッチを押した」と数えます。
A.「左を押す」 B.「右を押す」 C.「両方いっぺんに押す」

今、ランプはついていません。また、スイッチが「オン」なのか「オフ」なのかもわかりません。ここから、どんなに運が悪くても、３回スイッチを押してランプをつける押し方があります。さて、その押し方は全部で何パターンあるでしょう？

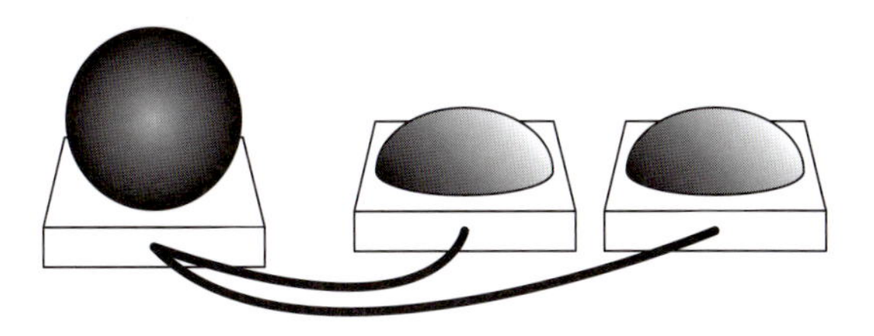

3回押して ランプをつけるには？

［答え］6パターン：①A→B→A　②A→C→A
③B→A→B　④B→C→B　⑤C→A→C　⑥C→B→C

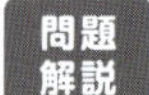

情報を簡素化して、「単純変換型」思考で考えてみましょう。情報を整理すると次のようになります。
1：ランプはついていない。
2：スイッチが2つともオンになるとランプはつく。
3：スイッチがオンなのかオフなのかはわからない。
まずは、オンを○、オフを×として考えてみます。2つのスイッチが○○のときにつくので、ランプが消えている状態は左右のスイッチが次の3つの組み合わせのどれかです。
（ア）○×　（イ）×○　（ウ）××
つまり、この3つの状態のどれかから、3回スイッチを押して、確実に○○にする方法が問われているのです。ABCの3つの組み合わせをしらみつぶしに考えていきます。
最初に押すスイッチはABCの3種類。2回目までを考えると、A→B、A→C、B→A、B→C、C→A、C→Bの6通りです（連続して同じスイッチを押すと戻るので考えない）。
まずA→Bのパターンを考えます。A「左を押す」と（ア）××（イ）○○（ウ）○×となり（イ）がつくことがわかります。次にBの「右を押す」と（ア）×○（ウ）○○となり（ウ）がつき、最後にA（A→B→A）を行えばすべてつくことがわかります。同様に行うと、すべてのパターンに答えとなる3回目の押し方があることがわかります。

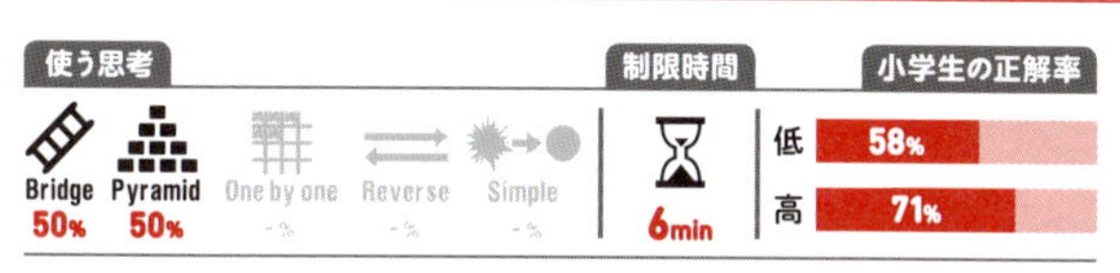

問題 25 4つの同じ形に☆を入れよう！

マスに、4つの星が書かれています。
マスを、灰色の線に沿って4つの形に分けてください。
このとき、下の2つのルールを守って分けましょう。
［ルール1］4つの形の中に星が1つずつ入っているようにする。
［ルール2］4つの形はすべて同じ形にする（回したり裏返したりしても同じ形になればOK）。

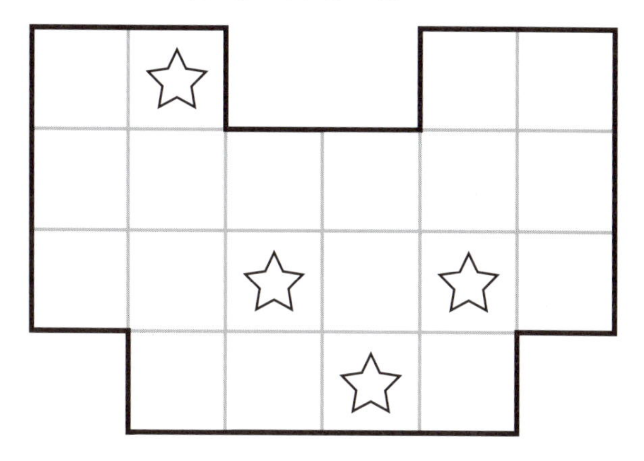

解答

25 4つの同じ形に☆を入れよう！

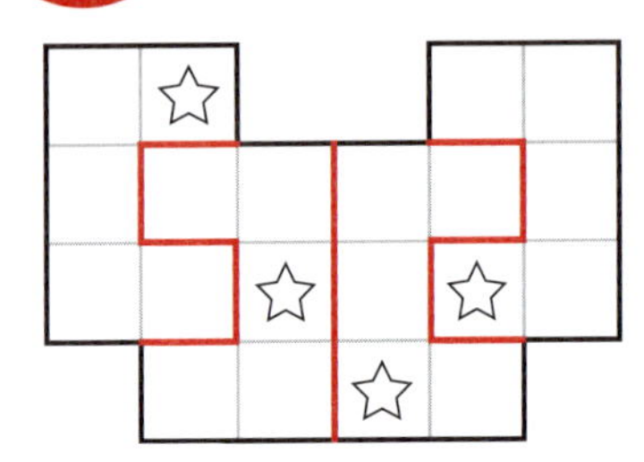

ルール

1．4つの形の中に星が1つずつ入っているようにする。
2．4つの形はすべて同じ形にする（回したり裏返したりしても同じ形になればOK）。

問題解説 **マス目は全部で20、星の数は4つですから、1つの形は5マスになります。**そして、4つの形は回したり裏返したりしても、同じ形になればいいという問題です。下図のように☆があるマスをA～Dとして、その他のマス目に1～16の数字をふってみます。

☆Aから考えていきます。3は☆Bとつながると6マスになってしまうので、☆Aと同じだとわかります。2は☆Bでも☆Cでも5マスで入りますが、☆Aを閉じ込めてしまうので2も☆Aになり、1も5マスに入るのは☆Aしかありません。最後の1マスは5だと4が孤立してしまうので、4で凹の形になるか6でNの形になるかになります。☆Dでありえる形はNではないので、6でなく4が☆Aと決定します。

14	☆D			4	1
15	11	9	7	5	2
16	12	☆C	8	☆A	3
	13	10	☆B	6	

5マス使って、☆Aが入るマスの形を最初に考えます。

問題26 タテ・ヨコの計算式

□には1から11までの数字が1つずつ入ります。数字が書かれていない□に数字を書いて、タテ・ヨコの計算が正しくなるようにしてください。

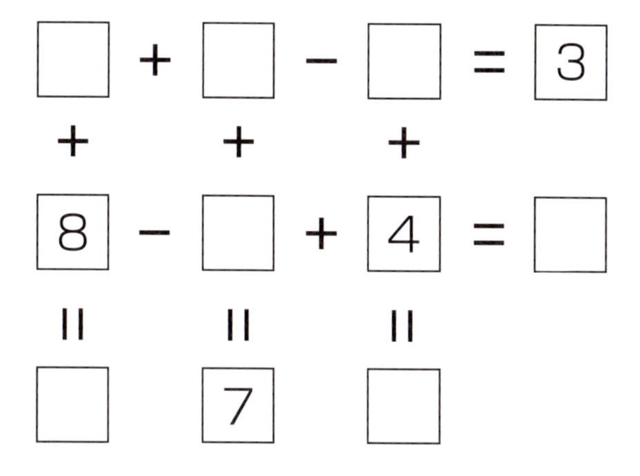

使った数字をチェックしてみましょう。

1 2 ~~3~~ ~~4~~ 5 6

~~7~~ ~~8~~ 9 10 11

面倒と思わず、1つずつ丁寧にチェックしてみましょう。

解答26 タテ・ヨコの計算式

2	+	6	−	5	=	3
+		+		+		
8	−	1	+	4	=	11
॥		॥		॥		
10		7		9		

問題解説 左端にあるタテの計算式から考えます。1〜11しか使えず、□+8=□は、**3が一番上にあるヨコの式の答えである**ので、**1+8=9か2+8=10**のどちらか。1なら、ヨコの計算式は1+□−□=3なので、□−□で2になればいいわけです。ですが、タテの計算も考えると、使われていない数字の組み合わせがないので、1はNG。よって、**□+8=□は2+8=10と確定**。こうして、□に当てはまる数字を確定していきます。次は、一番上にあるヨコの式です。**2+□−□=3なので、□−□で1**になればいいわけ。**使われていない数字で組み合わせを考えると、6−5しかありません。**あとは順に解きます。左から2番目のタテの式は6+1=7、3番目のタテの式は5+4=9になり、まん中にあるヨコの式は8−1+4=11。

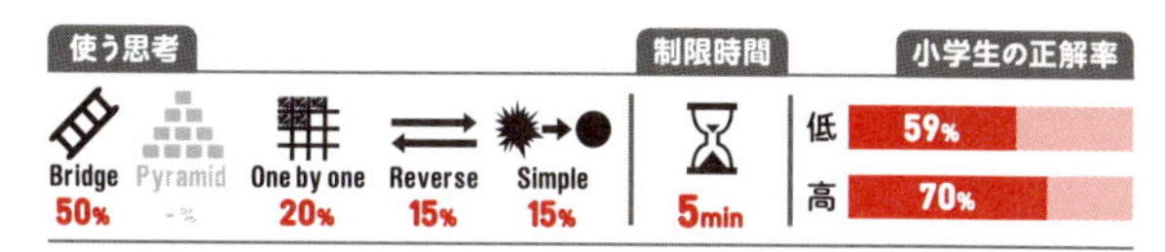

問題 27 11個の島にある宝を探せ!

11個の島が橋でつながっています。それぞれの島には宝が隠されているので、すべての島を回って、船に戻りたいのですが、橋は一度通ると壊れてしまいます。おなじ島には何度入ってもかまいません。
船がある島からスタートして、無事スタート地点に戻ってくるには、どのように島を回ればいいでしょう?

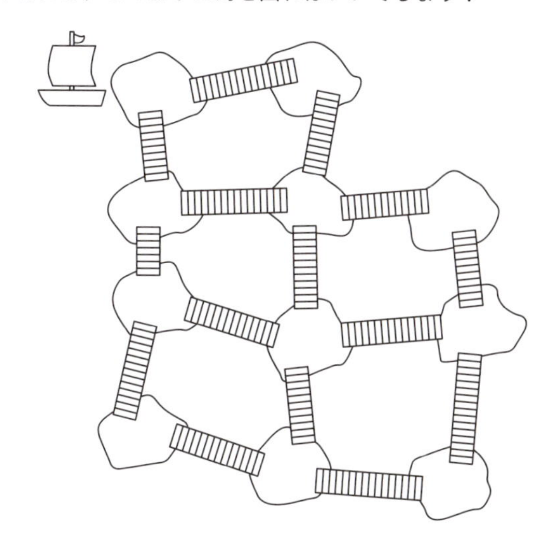

11個の島にある宝を探せ！

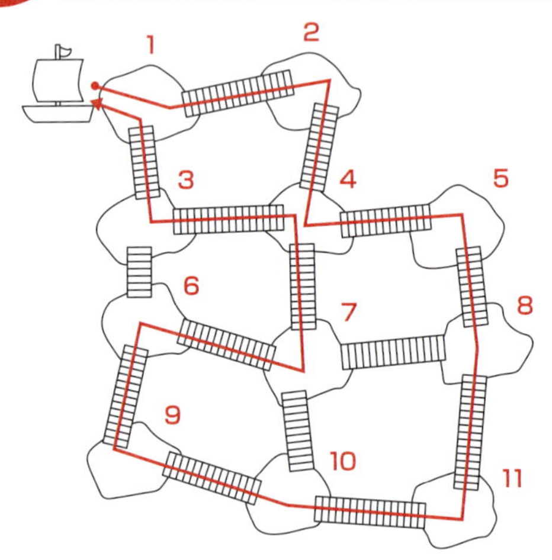

問題解説 ここで、気がつかなければならないのは、「橋は一度通ると壊れてしまいます」と書かれているだけで、**必ずしもすべての橋を通る必要はない**、ということ。しらみつぶしに考えていきますが、通った島には○、橋には×をするというように、記号化して解いていけば答えにたどり着きます。「リバース型」思考で、通る島にあらかじめ○をつけられます。気がついてほしいのは、一筆書きではないこと。すべての橋を通らなくてもいいからです。

解答例：1→2→4→7→6→9→10→11→8→5→4→3→1

答えは、逆のルートだけでなく、ほかにもあります。

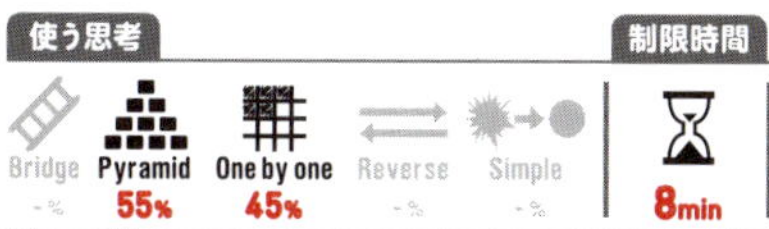

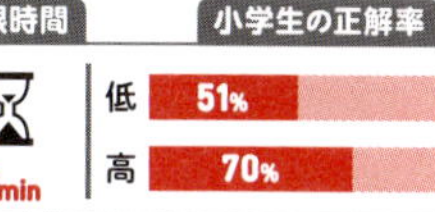

問題 28 字を使った覆面算

覆面算という算数パズルです。ルールに従って、それぞれの文字に当てはまる数字を答えましょう。

【ルール1】 1つの文字には、0〜9のどれかが当てはまります。

【ルール2】 同じ文字には同じ数字が、違う文字には違う数字が当てはまります。

【ルール3】 一番上の桁には0が当てはまりません。

［例］

```
   こな
+) ここ
──────
  きなこ
```

［答え］

き＝(1) な＝(0) こ＝(5)

［第1問］

```
   あさ
+) くさ
──────
  あるく
```

あ＝(　) さ＝(　)
く＝(　) る＝(　)

［第2問］

```
   バナナ
+) バナナ
────────
  シナモン
```

バ＝(　) ナ＝(　)
シ＝(　) モ＝(　)
ン＝(　)

思わぬところに答えが!?

解答 28 字を使った覆面算

```
   あさ
+) くさ
-------
 あるく
```

あ＝(1)　さ＝(9)
く＝(8)　る＝(0)

```
   バナナ
+) バナナ
---------
 シナモン
```

バ＝(8)　ナ＝(7)
シ＝(1)　モ＝(5)
ン＝(4)

ルール
1．1つの文字には、0〜9のどれかが当てはまります。
2．同じ文字には同じ数字が、違う文字には違う数字が当てはまります。
3．一番上の桁には0は当てはまりません。

問題解説 第1問は、十の位が「あ＋く」で一番大きい百の位が「あ」になります。足し算なので「あ≧2」は不可能で「あ＝1」。ここに気づけば、あとはわかったことを積み上げていけば答えにたどり着きます。
「あ＝1」で、十の位から繰り上がるためには「く＝8」か「く＝9」。一の位で同じ数字を足した答えが9にはならないので、「く＝8」。次に「さ＋さ＝8」から「さ＝9」となり、十の位に1繰り上がって必然的に「る＝0」。
第2問も同じように、まず「シ＝1」、「バは5以上の数」。ナは足すと、一の位「ン」と十の位「モ」と違う数になるので、繰り上がることがわかります。百の位にも1繰り上がって「バ＋バ＝ナ」なので、ナは偶数ではなく奇数であることになります。ナ＝5はモが1でＮＧ。ナ＝7で、ン＝4、モ＝5となり、バ＝8で確定。バナナ=877と予想したひともいるでしょう。

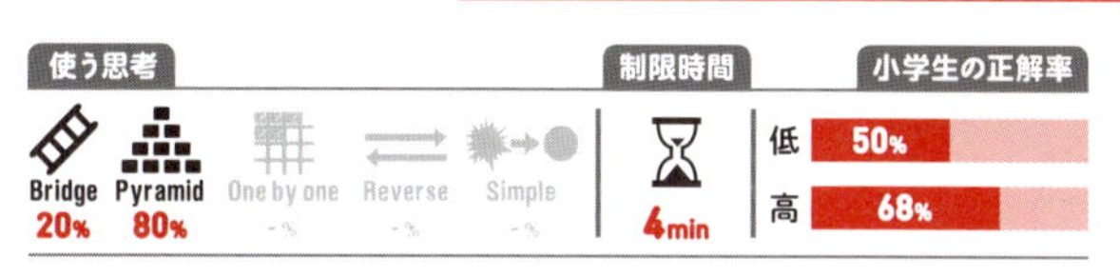

問題 29 ○×△□◎の5つのマークをくっつけよう！

マス目の中に○、×、△、□、◎のマークが5個ずつあるようにしてください。同じマークは、すべてタテ・ヨコでひとつながりになっていなければなりません。

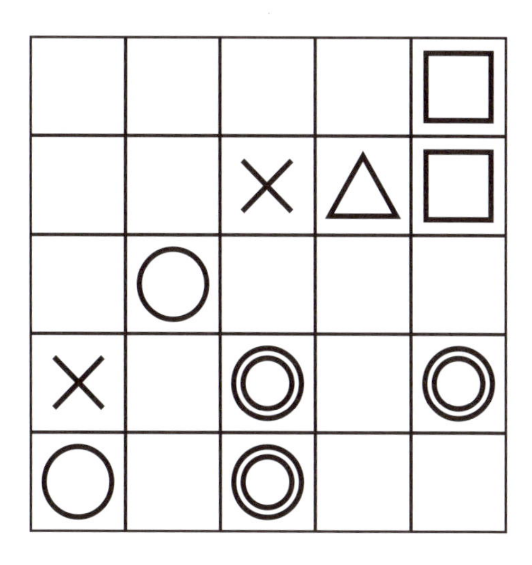

○×△□◎の5つのマークをくっつけよう！

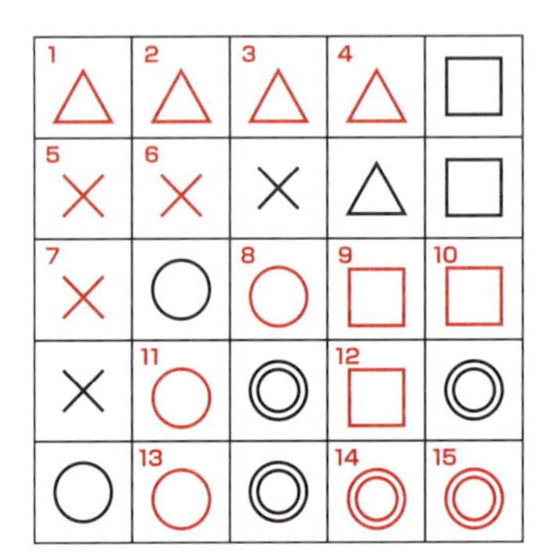

△ 1	△ 2	△ 3	△ 4	□
× 5	× 6	×	△	□
× 7	○	○ 8	□ 9	□ 10
×	○ 11	◎	□ 12	◎
○	○ 13	◎	◎ 14	◎ 15

問題解説　この問題を解くときのカギは、

（ア）同じマーク５個をつなげなければいけない。
（イ）そのときにほかの同じマークを分断してはいけない。
（ウ）空白をつくらないように角を埋めなければいけない。

という３つです。５つあるマークのうち◎だけ３個なので、まずはここから考えていきます。右下の14と15は、ほかのマークが入る余地がありません。ここに残り２個の◎が入り、まずは◎が決定。

次に、×のマーク。11に×を入れると、下の○を閉じ込めてしまいます。×は７のほうに進んで５、６と自動的に確定。同じようにして、○の５個も決まります。

残ったマークは△と□ですが、１～４まで□を入れると、□は６個になってしまうので、この１～４に入るのは△しかないことがわかります。そして、残りが□で完成です。

問題30 入れ替えパズル

数字が書かれた箱を、前から1、2、3、4……と数字順になるよう、並べ替えましょう。並べ替えるために、3つの「じゅもん」があります。どのようにじゅもんを使えばいいか、書きましょう。

じゅもん1 一番うしろの箱を一番前に動かす。
じゅもん2 うしろの2つの箱を入れ替える。
じゅもん3 すべての箱の順番を逆にする。

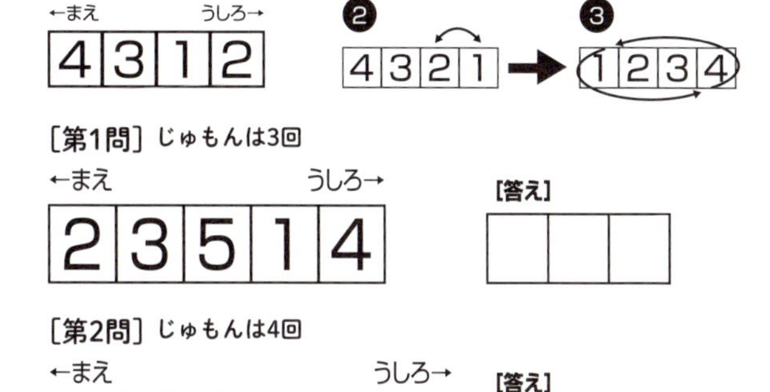

解答30 入れ替えパズル

[答え] 第1問：２１２／第2問：３２３１

問題解説 書かれた「**じゅもん**」をどう単純変換するかがポ**イント**。動きを下図のように図式化してみます。

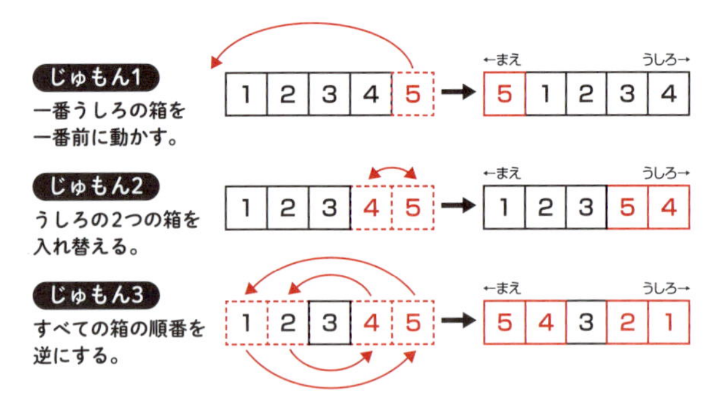

単純変換で、３つのじゅもんの法則を明確にします。

第1問は、うしろのほうから動かしていきます：

１回目：「じゅもん２」を使って、 2 3 5 4 1

２回目：「じゅもん１」を使って、 1 2 3 5 4

３回目：「じゅもん２」を使って、 1 2 3 4 5

第２問は**最初の３と２をどうするかがポイント**になります。

１回目：「じゅもん３」を使って、 1 6 5 4 2 3

２回目：「じゅもん２」を使って、 1 6 5 4 3 2

３回目：「じゅもん３」を使って、 2 3 4 5 6 1

４回目：「じゅもん１」を使って、 1 2 3 4 5 6

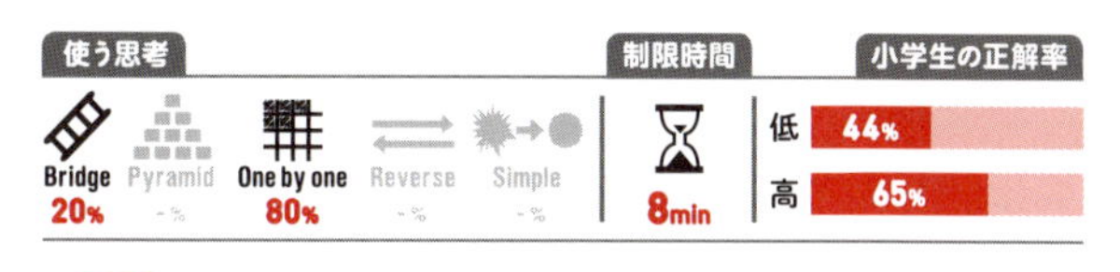

タテ・ヨコ計算式

8つの四角が ＋ と ＝ でつながっています。この四角に1から8までの数字を1つずつ入れて、タテ・ヨコの計算が正しくなるようにしてください。

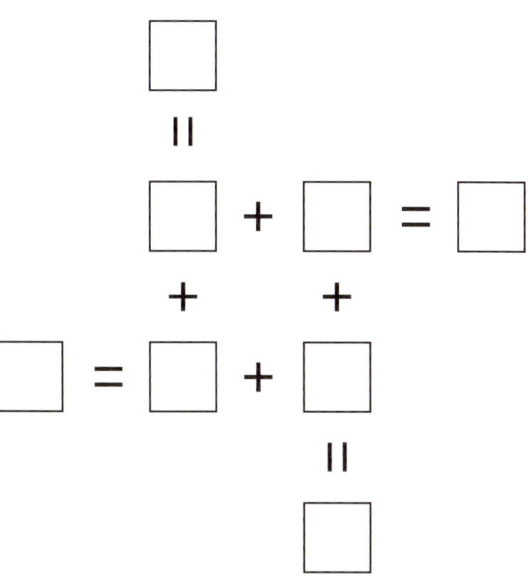

使った数字をチェックしてみましょう。

1　2　3　4　5　6　7　8

解答

31 タテ・ヨコ計算式

8

＝

6/2 ＋ 1/3 ＝ 7/5

＋　＋

5/7 ＝ 2/6 ＋ 3/1

＝

4

問題解説 この問題は、**外のほうに大きな数字がきて、中のほうに小さな数字がくる**、と予想して解きます。もっとも大きい数は８なので、まず一番上の□に８を入れてみます。**足して8になる組み合わせは、7+1、6+2、5+3**ですが、**7+1では次のヨコの計算式ができない**ので、**8=6+2として考えていきます。**ここからは１つずつ**「しらみつぶし型」思考で解いていきます。**上のヨコは６＋１＝７、下のヨコは５＝２＋３と入れると、右のタテが１＋３＝４となり答えが導き出されます。ただし、１＋７、２＋６、３＋５という順番で考えたひとは、赤い数字の答えになります。

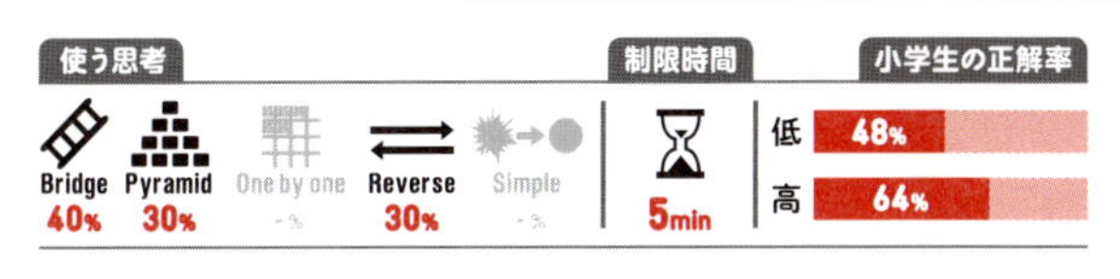

マッチ棒パズル

マッチ棒を３本動かして、正方形を３つにしましょう。

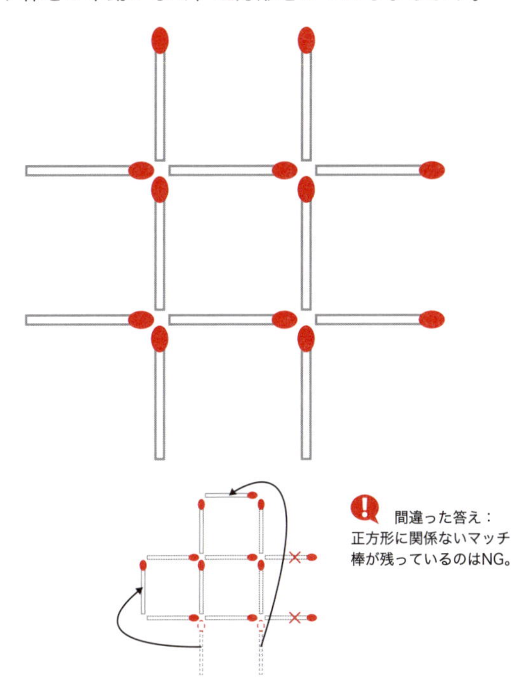

解答

32 マッチ棒パズル

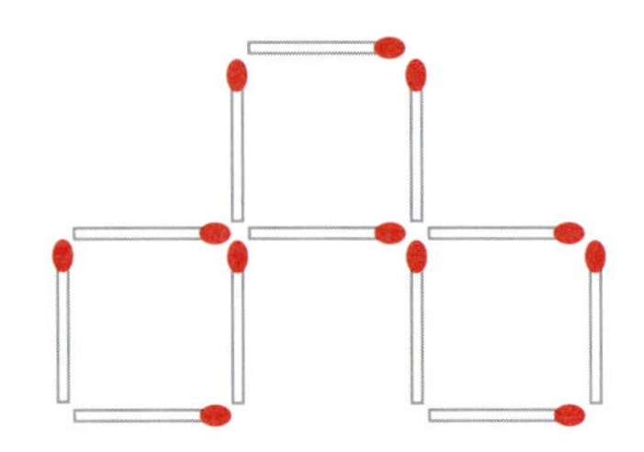

問題解説 マッチ棒に番号をふって考えてみます。**1つの正方形は4本のマッチ棒でできているので、共通して使うマッチ棒はありません。**これに気づくことがポイント。独立した3つの正方形を考えると、4本のマッチ棒のうち3本あるところはA、B、C、Dの4カ所です。ここに1本のマッチ棒を加えてあげればいいことに気づきましたか。⑨のマッチ棒を上へ動かして、①②④⑨の正方形。⑪のマッチ棒を斜め左上へ動かして、③⑥⑧⑪の正方形。もう1つは⑫のマッチ棒を斜め右上へ動かして、⑤⑦⑩⑫の正方形。作り方はほかにもあるので、やってみてください。

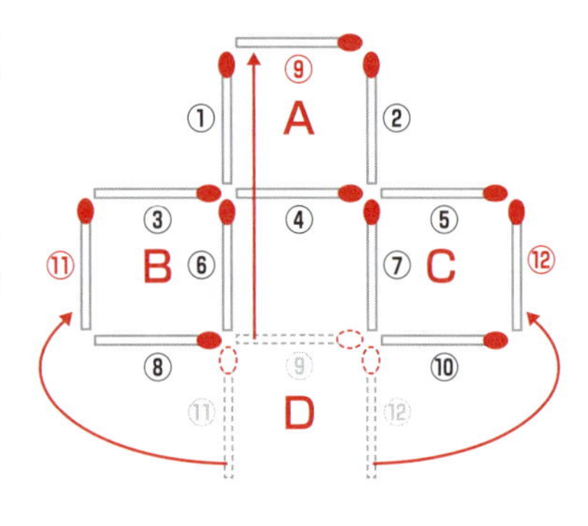

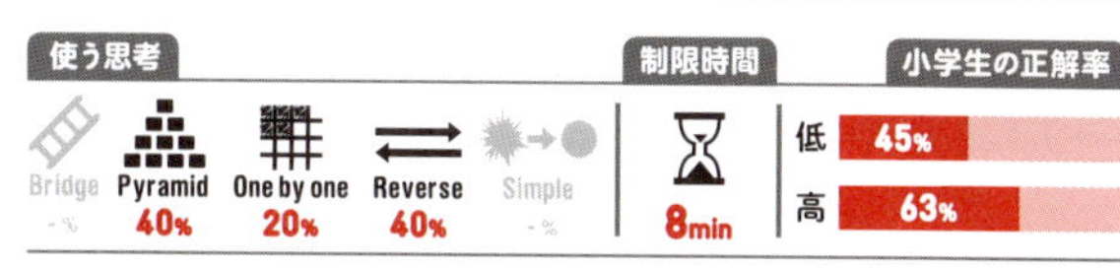

テトロミノを作ろう！

マークを４つずつ書き、「テトロミノ」（真四角がタテ・ヨコに４つつながった形）を決められた数だけつくりましょう。

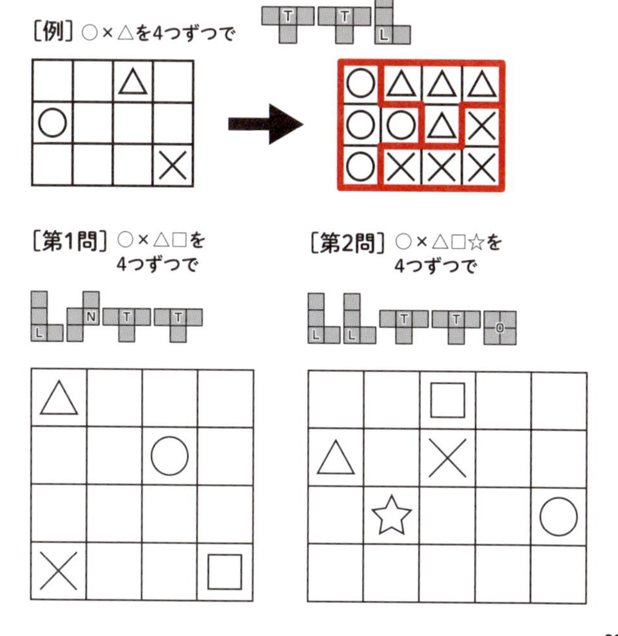

テトロミノを作ろう！

［答え］第1問

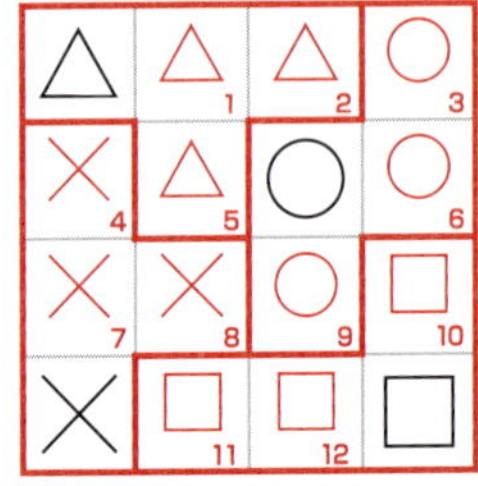

※ほかの答えもあります。

［答え］第2問

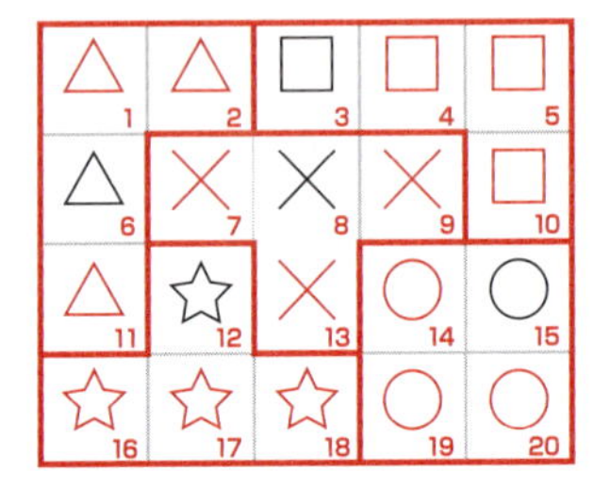

第１問で確実に置けるところが決まるのは、□△×をつなげても届かない右上の○だけです。この問題は、○×△□をどこに置くかを先に考えていくと、解くのに時間がかかる結果になってしまいます。２つの○を▀(T) にしても▟(N) にしても答えは出るでしょう。

第２問は、マークを無視して５つのテトロミノがどうやったら組めるのかを考えていきます。ポイントは回転させても形が変わらない■(O)。問題の長方形の中に■(O) の置き方は（１２６７）（６７11 12）（２３７８）（７８12 13）の４種。その他はすべて、この４種の対象形になります。それぞれ検証すれば（１２６７）、つまり■(O) が必ず角にくることがわかります。次に■(O) にくっつく▙(L) が決まり、組み方が一通りわかります。あとはその組み方の対象形４種類のうち、各マークが１つずつ入るものを探せばいいのです。

9マスを数字でうめよう！

マス目の周りに書いてある数字と矢じるしは、その方向3マスの数字をぜんぶ足した数です。

［第1問］3×3の9マスに、0、1、2の数字を3つずつ書きましょう。

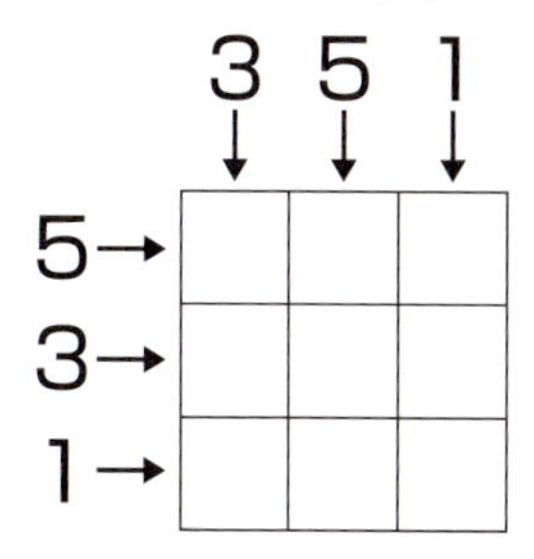

［第2問］3×3の9マスに、1、2、3の数字を3つずつ書きましょう。

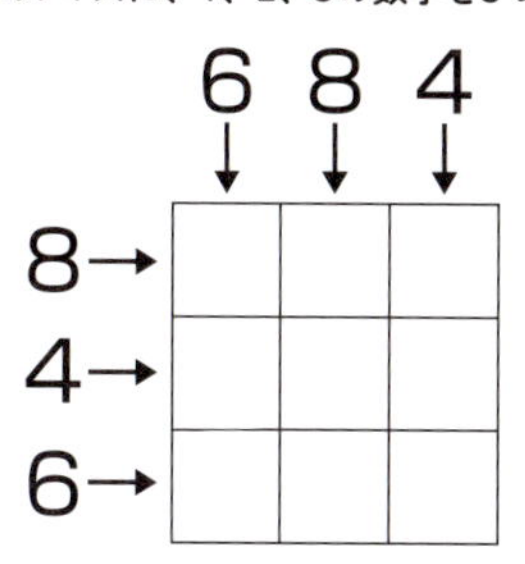

9マスを数字でうめよう！

［答え］第1問

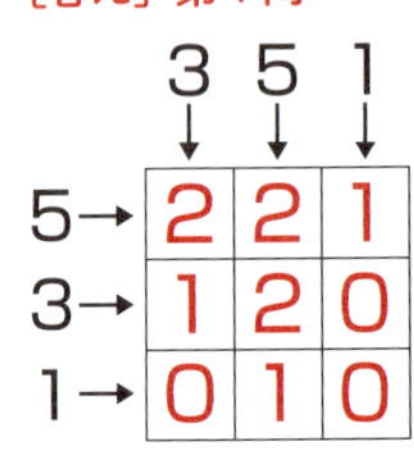

［答え］第2問

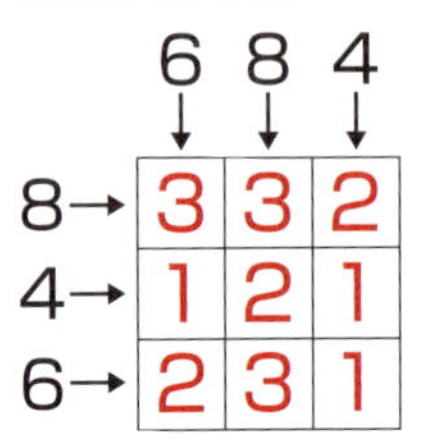

問題解説 第1問は、0、1、2を使って1、3、5の組み合わせを考えます。

1＝0＋0＋1、3＝0＋1＋2、3＝1＋1＋1、5＝1＋2＋2

たとえば、ヨコが1のマス目から見ていくと、まん中のマス目を0にするとタテの5ができないので、1と確定します。あとは順番に考えていきます。

第2問は、1、2、3を使って4、6、8の組み合わせを考えます。

4＝1＋1＋2、6＝1＋2＋3、6＝2＋2＋2、8＝2＋3＋3

ヨコが8のマスは、**タテ4のところに3は入らないので、ここが2と決定**。すると、8のヨコは3、3、2になり、4のタテは2、1、1となります。あとは順番に考えていきます。

	6	8	4
8→	3	3	②
4→			1
6→			1

最初に出した組み合わせを確認しながらやっていく。

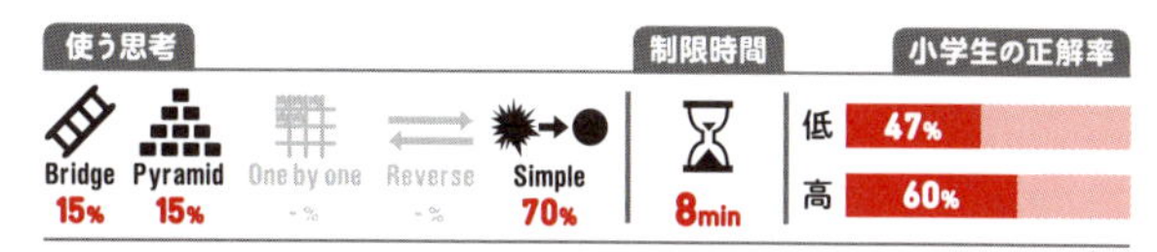

問題 35 すべてのドアにカギをかけるには？

大きな屋敷に１人で住んでいるＡさんがいます。
毎日、寝る前にたくさんある部屋のドア、すべてにカギをかけています。はじめは、庭からスタートして、ドアを通るたびにカギをかけていき、一度カギをかけたドアは開けません。庭には何回出てもかまいません。このようにしたとき、Ａさんが最後にたどり着く部屋はどこでしょう？

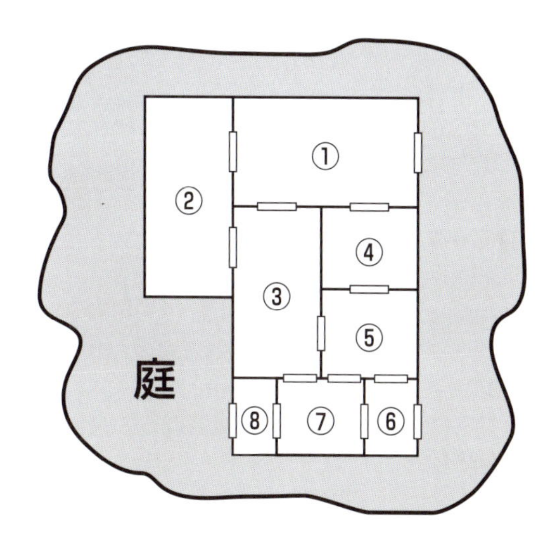

すべてのドアにカギをかけるには？

［答え］⑥の部屋

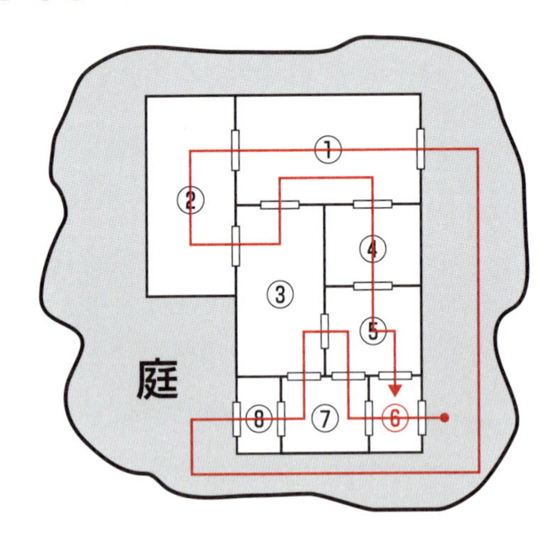

問題解説 それぞれの部屋のドアの数は2、3、4の3種類あります。ここで、ちょっと考えてみましょう。部屋には外から入るので、ドアが2の部屋に入ると、外へ出るしかありません。ドアが4の部屋に入っても、もう一度入れますが、また外へ出るしかありません。どちらも、**その部屋にとどまることはできない**のです。

ということは、**ドアが3つの部屋である⑥が、最後にたどり着く部屋である**ことがわかります。⑥が最後になるたどり方は解答図のルートのほかにもいくつかあります。

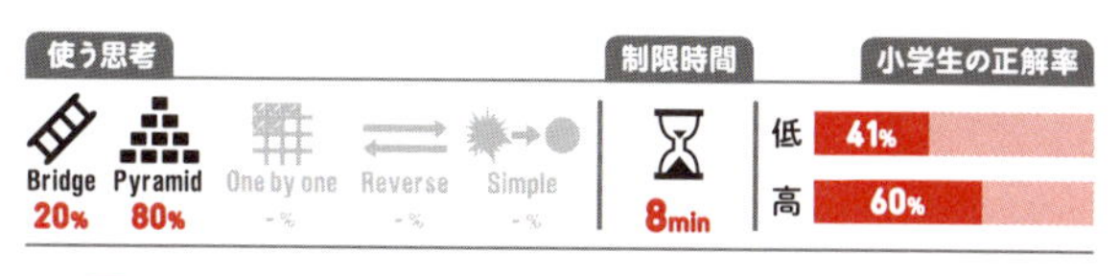

問題 36 足し算パズル、1～5の数字を書き入れよう！

ルールに従って、空きマスに１～５の数字を書きます。

【ルール1】黒マスの数字は、その右か、下の白マスに入る数字を足した答えになります。

【ルール2】同じ行または列の白マスの中には、同じ数字を書いてはいけません。

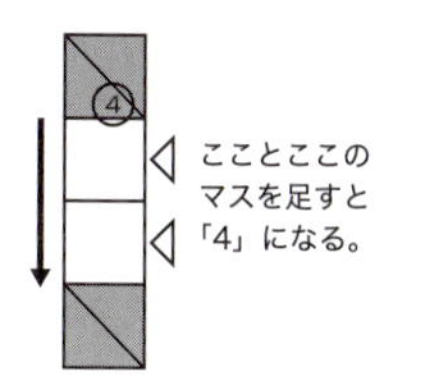

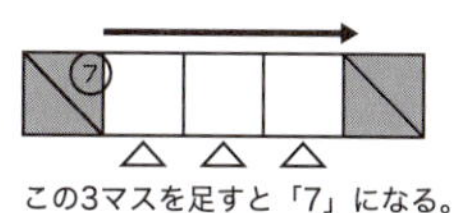

同じ行または列の白マスに、同じ数字はNG！

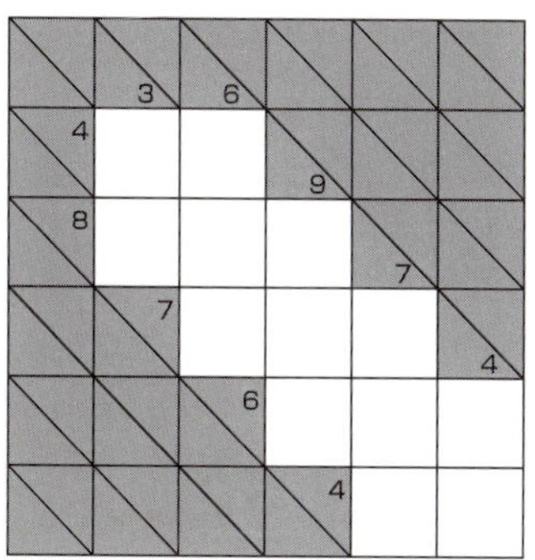

解答36 足し算パズル、1〜5の数字を書き入れよう！

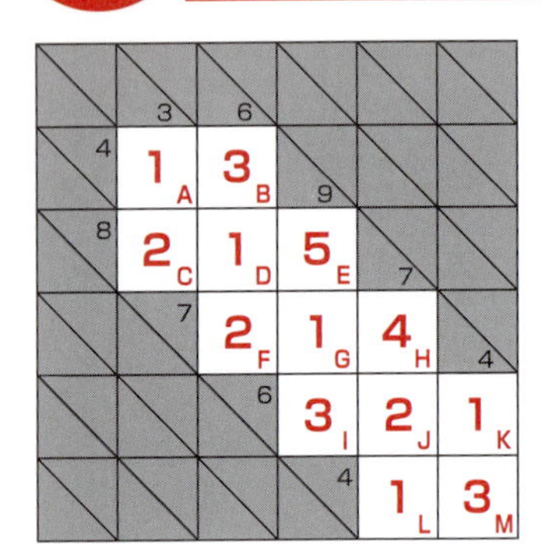

ルール

1．黒マスの数字は、その右か下の白マスに入る数字を足した答えになります。
2．同じ行または列の白マスの中には、同じ数字を書いてはいけません。

問題解説 2つのルールをしっかり把握することが重要。黒マスの数字は白マスの数字を足したもので、同じ行または列の中には同じ数字が入りません。これを頭に入れて「ピラミッド型」思考で考えていきます。まず、小さい数字がポイント。3の組み合わせは1と2、2と1の2つ。4の組み合わせは2と2が使えないので1と3、3と1の2つ。これでAには2が使えず、1しか入りませんから、B＝3、C＝2が決定。次に6の残りが必然的にD＝1、F＝2、8のE＝5まで決まります。
7のヨコと9のタテの共通の場所にあるGには4が入らないのでG＝1と決定。H＝4、I＝3も決まり、次いでJは1か2になりますが、1にするとKとLが2となりNG。よってJ＝2が確定し、残りも決まります。マスの数も重要で、4つ以上は数の組み合わせが多く難しくなります。

問題 37 1つ切りはなして1本のくさりにしよう！

6つのリングが、下のように結ばれています。1つを切りはなすと、きれいな1本のくさりになります。どれを取ればいいでしょうか？

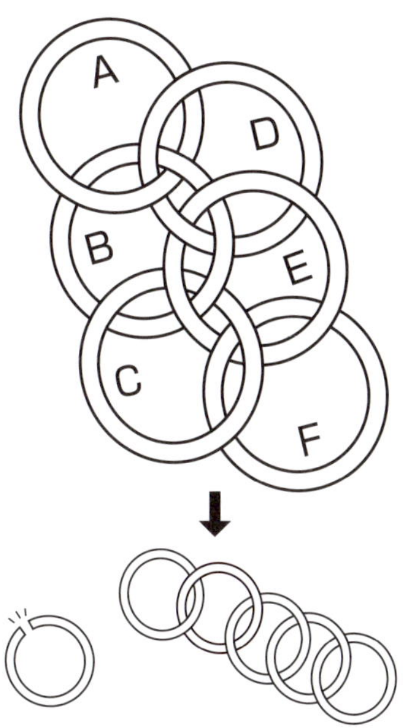

1つ切りはなして1本のくさりにしよう!

[答え] D

問題解説　まず、AからFまで、1つ1つのリングが、どのリングと結ばれているのかを考えます。下図のように、実際に線で結んでみると、Aは2つのリング（BD）と結ばれていて、Bは3つ（ACD）、Cは2つ（BE）、Dは3つ（ABE）、Eは3つ（CDF）、Fは1つ（E）。

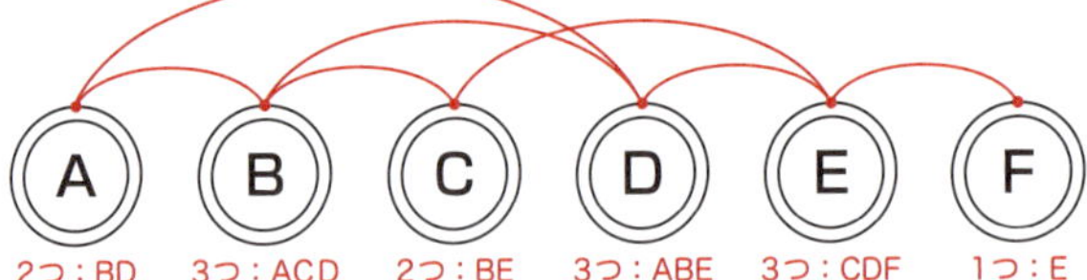

最終的に1本のくさりになるには、最初と最後が1つのリングと結ばれ、あいだのリングは2つのリングと結ばれます。つまり、１２２２１となるわけです。
3つのリングと結ばれているB、D、Eの順番でみていくことにします。Bを取ると、AとCが結ばれないのでダメ。次に、Dを取ってみます。CからEへつながるので、ＡＢＣＥＦと、1本のくさりができました。

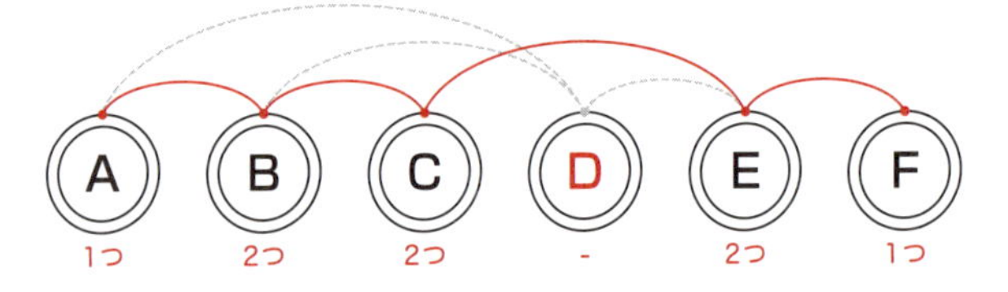

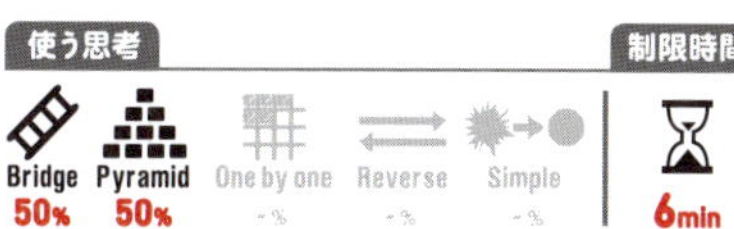

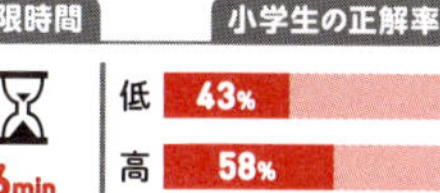

問題 38 計算パズル、□に入るのは＋か？ それとも－か？

□に、＋か－を入れて、数式を完成させましょう。
＋も－も入れなかった□は、前後の数字がくっついて２ケタ、３ケタ……の数になります。

[例]

1□2□3□4＝10

[答え]

1＋2＋3＋4＝10

[第1問]

1□2□3□4□5＝10

[第2問]

1□2□3□4□5□6＝10

計算パズル、□に入るのは＋か？ それとも－か？

［答え］第１問　1 □ 2 − 3 − 4 ＋ 5＝10

［答え］第２問　1 □ 2 ＋ 3 − 4 ＋ 5 − 6＝10

問題解説 気をつけなければいけないのは、□には必ず＋か－が入るのではないことです。１と２のあいだの□をとれば、12という２ケタの数になります。
第１問は、すべて足してみると15になります。これは13－3か12－２が作れればいいわけですが、それぞれ16、14になってしまいますので、どちらも15にはなりません。13を作るチームと３を作るチームに分けた場合、すべてを＋に変換すると16になるから、15ではないので10が作れないというわけです。つまり、足すと引くだけでは10が作れないので、２ケタの数を使うというのがカギになります。
１と２を使って、10に近い２ケタの数12から考えていきます。12－２＝10なので、３、４、５で２を作ればいいわけです。３＋４－５＝２となります。答えは、12－３－４＋５＝10。
第２問は、すべて足すと21です。前問と同じように、16－６か15－５で10を作ればいいのですが、すべてを足すと22と20ですから、やはり＋と－だけでなく、２ケタの数を使うことになります。こちらも、12を使うと、残りの３、４、５、６で２を作れるかどうかを考えてみるわけです。４＋６から３＋５を引けば、２になることがわかります。答えは、－２を作るので、12＋３－４＋５－６＝10。

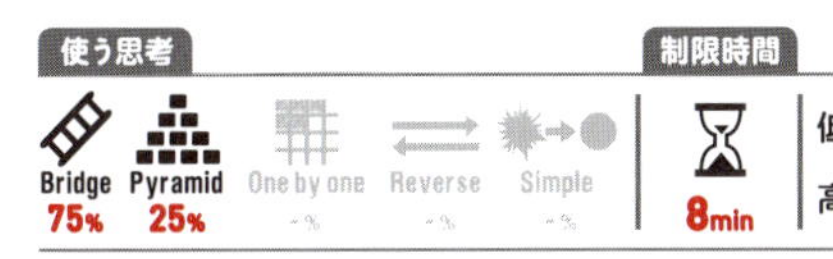

問題 39 時計を3つに分ける

1～12までの数字が書かれた、時計の文字ばんがあります。この文字ばんを、3つのカケラになるように分けます。このとき、カケラに書かれた数字を足した数が、3つとも同じになるようにしたいと思います。どのように文字ばんを分けたらいいでしょう？

線を引いて答えましょう。線は、まっすぐでなくてもかまいません。

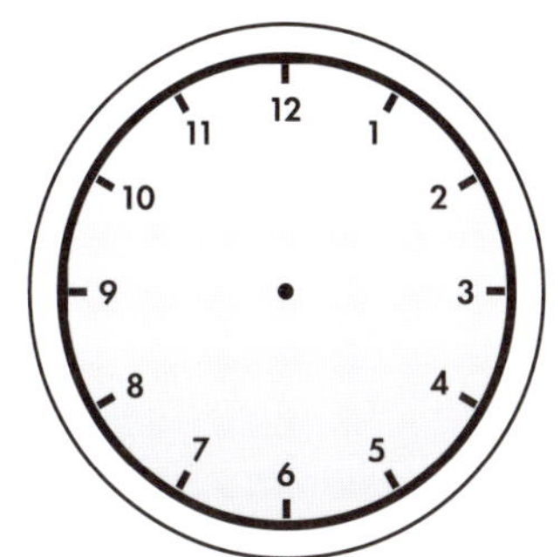

[間違いの例]

足した数が3つとも違うので間違いです。

解答 39

時計を3つに分ける

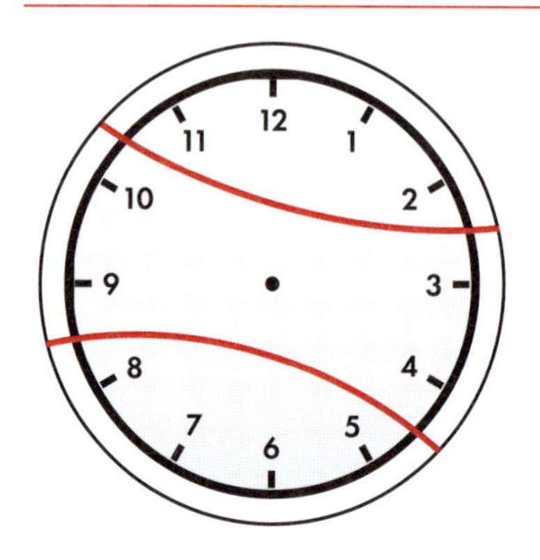

問題解説 3つに分けて、足した数が同じになるようにします。

1から12まで足した合計を3で割ると「26」になります。同じ数に分けるということは、3つの「26」をどう作るか、ということになります。ピザ状に切り分けることはできません。

理想的な解き方は、1＋12＝13、2＋11＝13……という関係に気づくことです。12個の数字は半分にすると6個ですが、この13になるペアが6組あるわけですから、2組ずつに分けるということに気づくことです。

「1～100までを足すというのは、1＋100のペアが50ある」という数学的な発想ができると、より問題がスムーズに解けるようになります。

ひらめき問題③

問題 3　なんの形？

下の図は、身近な〝あるもの〟の輪郭です。いったいなんでしょうか？
この上にピッタリのれば正解です。

ヒント：朝はこれだよね

ひらめき問題③

［答え］牛乳パック

問題解説　**形の認識力を身につけましょう**

ひらめき問題の①と②は文字からアウトプットする問題でしたが、③は形からアウトプットする問題です。ここではヒントも重要な手がかりでしたね。日常で目にしているもの、手で触っているものでも、形を意識していることはほとんどありません。かといって、形の認識力は、算数の図形問題をやっていてもなかなか身につくものではありません。タングラム（パズルの一種）などはとても効果的ですが、ふだんから身の回りにあるものの形状を意識することによっても鍛えることができます。このような形の問題は、ご家庭でも簡単に作ることができます。現物と同じ大きさで問題を作ってみると、想像していたより大きかったり小さかったり、意外な発見ができて楽しいので、ぜひ試してみてください。子どもに形の興味を持たせることは、のちのちの学習面でも大きく役立ちます。楽しみながら考えることが、学ぶことの原点です。ぜひ、ご家庭で実験してみてください。

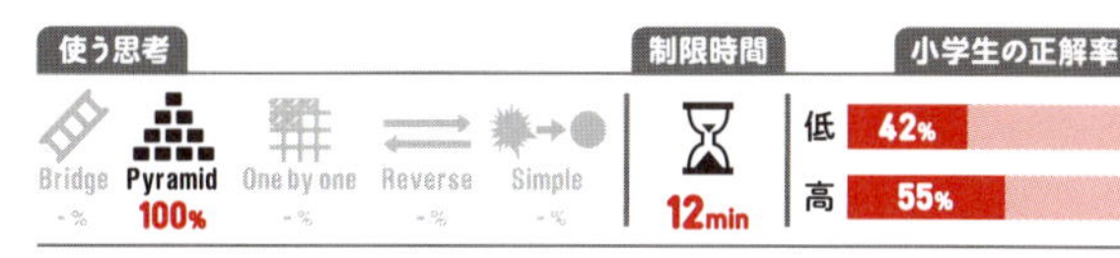

28枚のタイルを枠の中に入れていこう！

数字の組み合わせが違う28枚のタイルを、枠の中にぴったり入れました。どのタイルがどこに入っているか、すべて線を引いて１枚ずつに分けましょう。

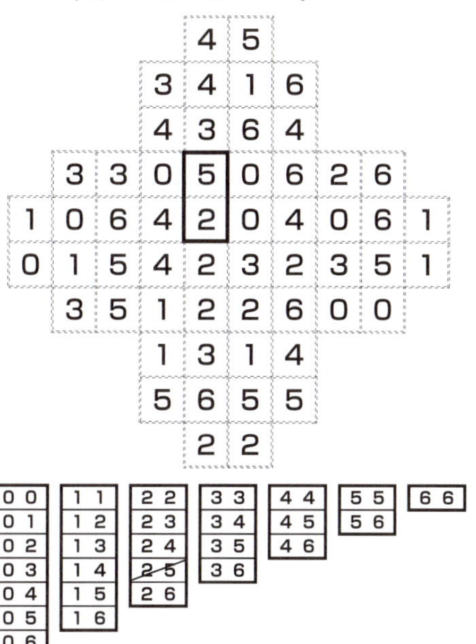

28枚のタイルを枠の中に入れていこう！

				4	5				
			3	4	1	6			
			4	3	6	4			
	3	3	0	5	0	6	2	6	
1	0	6	4	2	0	4	0	6	1
0	1	5	4	2	3	2	3	5	1
	3	5	1	2	2	6	0	0	
			1	3	1	4			
			5	6	5	5			
				2	2				

0 0	1 1	2 2
0 1	1 2	2 3
0 2	1 3	2 4
0 3	1 4	~~2 5~~
0 4	1 5	2 6
0 5	1 6	
0 6		

3 3	4 4	5 5
3 4	4 5	5 6
3 5	4 6	
3 6		

6 6

問題解説 やはり端っこがポイントで、**タイルが1種類しかないものを探していき**、わかったところからタイルを入れていくのです。手詰まりになったら、**残ったタイルでそこにしか入らないという場所を探していきます。**右のタテの［6 6］と左のヨコの［3 3］はこれだけなので、この2つを囲います。同時に、右の組み合わせに斜線を引きます。［6 6］の右の［1 1］、左の［2 0］、下の［5 0］、その左の［3 0］と決まり、［3 3］の下にある［0 6］、［1 5］、［3 5］と左端のタテ［1 0］が確定。センターにある［0 0］も確定。すると残ったタイルで1種類しかないものに気づくはず。下のほうの［1 3］が確定し、その下の［5 5］、［5 6］が決まれば、一番下の［2 2］も確定。［1 3］の上は［1 2］、［5 5］の上の［1 4］、［2 6］が決定。残りの9枚も同じようにやっていきます。

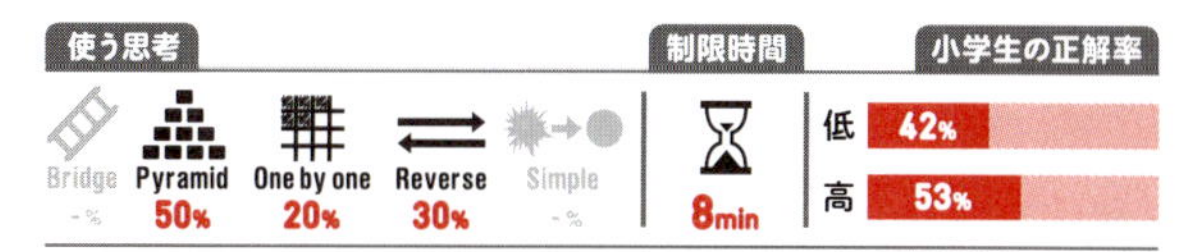

1列に並べて！

6×6の盤に下の図のように3個ずつルークとビショップが置いてあります。6個のコマをルールに従ってそれぞれ1回動かし、どこか1列に並べましょう。ただし、ほかのコマを飛び越すことはできません。
答えは列の番号で答えてください。

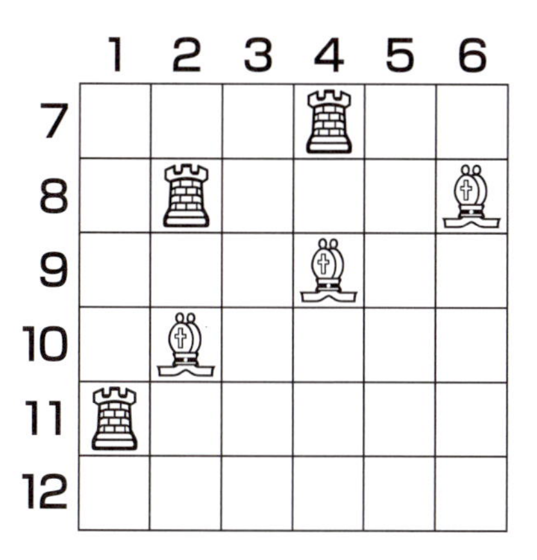

［コマの動き方］

ルーク

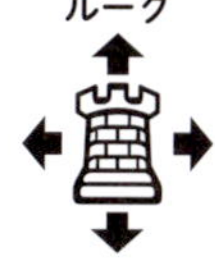

ビショップ

矢印の方向にいくつでも進めます。

解くカギはビショップにあります。

1列に並べて！

[答え] 11

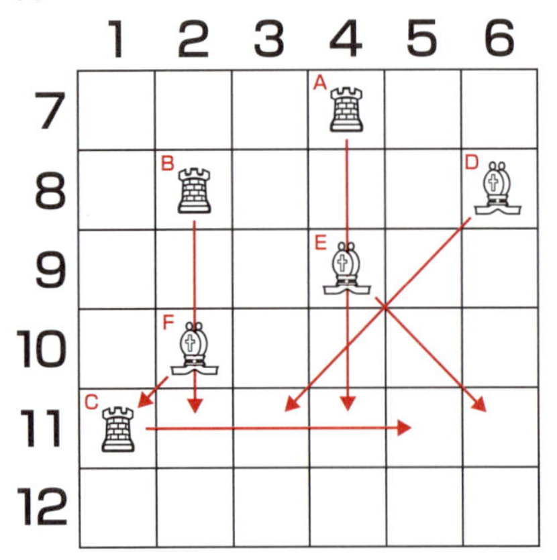

問題解説 ルークをA、B、Cとし、ビショップをD、E、Fとして考えていきましょう。まず「ルークとビショップ、それぞれ1回は動かさなければいけない」という条件と「ビショップは同じ列には動けない」ということに気づけば、D、E、Fのビショップが置いてある2、4、6、8、9、10はアウトだということがわかります。
次に、一番右にあるDのビショップは列1まで届かないので、1もアウト。残りは3、5、7、11、12の5列ですが、列7はビショップを3つ並べられないのでNG。3、5、12はルークの行き場所と重なるのでアウト。したがって、列11でコマの動く順番を考えればおのずと答えがわかります。

使う思考					制限時間	小学生の正解率
Bridge 15%	Pyramid 70%	One by one -%	Reverse 15%	Simple -%	10min	低 40% / 高 50%

問題 42 数字迷路

数字が書いてあるマス目を、スタートからゴールまでたどりましょう。

【ルール1】同じマスに２回入ってはいけない。

【ルール2】決められた数字のマスを１回ずつ通る。どの順番で通ってもいい。

【ルール3】一度通った数字のマスに入ってはいけない。

【ルール4】○からスタートして☆まで、タテ・ヨコに進む。

［例］
1〜9まで
1回ずつ通る。

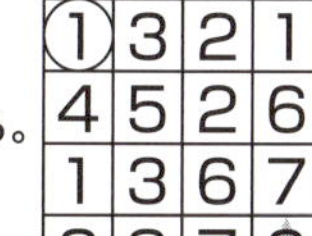

①	3	2	1
4	5	2	6
1	3	6	7
2	8	7	9☆

［答え］

①	3	2	1
4	5	2	6
1	3	6	7
2	8	7	9☆

［第1問］
1〜11まで1回ずつ通る。

①	5	9	4
5	2	9	2
1	6	3	7
8	10	8	11☆

［第2問］
1〜13まで1回ずつ通る。

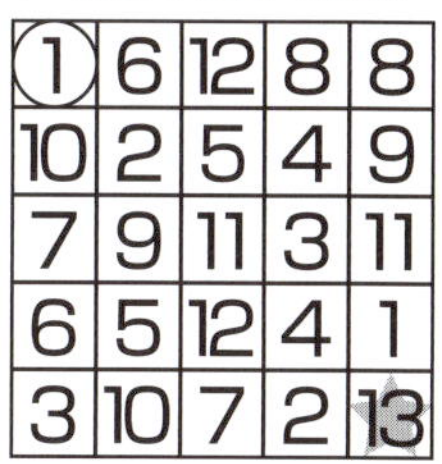

①	6	12	8	8
10	2	5	4	9
7	9	11	3	11
6	5	12	4	1
3	10	7	2	13☆

！ 必ず通る数字には○、絶対通らない数字には×をつけるのがコツです。

数字迷路

［答え］第１問

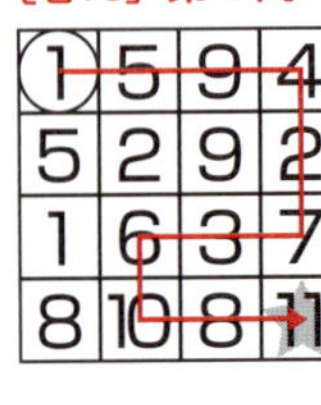

［答え］第２問

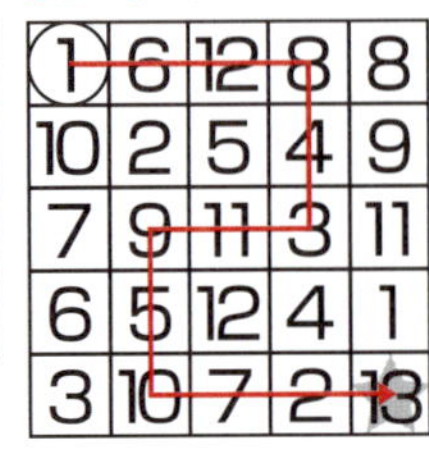

ルール

1．同じマスに2回入ってはいけない。
2．決められた数字のマスを1回ずつ通る。どの順番で通ってもいい。
3．一度通った数字のマスに入ってはいけない。
4．○からスタートして☆までタテ・ヨコに進む。

問題解説 この問題は、ゴールの数字まで順番に通っていくのではないので、やり方を考えなければいけません。まず、**通れない数字のところ**に×をします。

第１問では、まず１に×がつきます。次に、左下の８も通れないことがわかりますので、この８も×。ここで、下図の△をつけた３、４、６、７、８、10が１つずつしかない数字だということに気づけば、もうできたも同然です。

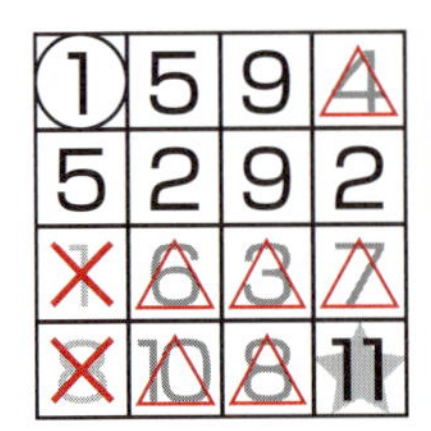

１はスタートになるので、必然的に×になる。
左下の８は上の１が通れないため×。

ゴールの11から「リバース型」思考で考えると早く答えにたどり着けます：11→８→10→６→３→７→２→４→９→５→１。

第２問は、通らなければいけない数字に○、通らない数字に×をつけながら考えていきます。まず、通れない数字の「1」に×。一番上の段に８が２つありますが、右角の８に×、その左の８に○をつけます。次に、ゴールの13のとなりにある２も○、もう１つの２に×がつきます。

ここまで○×をつけてからスタート。右ヨコの６に行くのか、下の10に行くのか迷いますが、10から行くと、１のヨコの６は通れなくなるので、下の６を通って、さらに○をつけた８まで行くと、13でゴールにたどり着けないのでNGです。この段階で、１のヨコにある６、12に○、下から２番目の６とその２つ右の12に×をつけることができます。さらに１の真下の10に×、最下段にある10に○。

１から６→12→８とヨコに進み、次は８の下の４が○、その２つ下の４が×になります。ここまでくれば、残りの数字もそう多くないので、すぐにわかるでしょう。下の４に×をしてみると、ゴールの13から２→７→10のルートしかなくなり、ヨコの３には行けないので、10から上へ５→９と一直線。答えが出ます。

1	6	12	8	8
10	2	5	4	9
7	9	11	3	11
6	5	12	4	1
3	10	7	2	13

通らなければいけない数字に○、
通らない数字に×をつけていく。

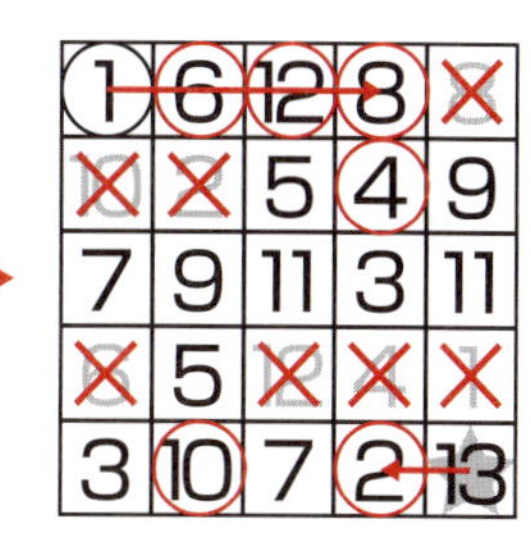

○をした数字を進みながら、
残りの○×を予測していく。

ひらめき問題④⑤

問題4 「あるもの」を当てよう！

下の文章は、みんなが知っている「あるもの」について述べています。
なんのことでしょう？

- **まるいものは、かたい。**
- **しかくいものは、うすい。**
- **10は、100より大きい。**

問題5 「？」に入るのは？

「？」に入るひらがなは何でしょう？

解答 ［問題④］お金（10円玉>100円玉）
［問題⑤］く（左から：いち、に、さん、よん、ご、ろく、なな、はち、きゅう）

使う思考

Bridge 10%　Pyramid 90%　One by one -%　Reverse -%　Simple -%

制限時間 12min

小学生の正解率 低 37% 高 47%

問題 43 2枚のタイルはどこ？

絵柄が違う10枚のタイルを枠の中にぴったり入れました。ぴったり入れたあとで、2枚のタイルがどこにあるか、わからなくなってしまいました。2枚のタイルの場所を当てましょう。

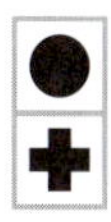

わからなくなってしまった
2枚のタイル

■10枚のタイル

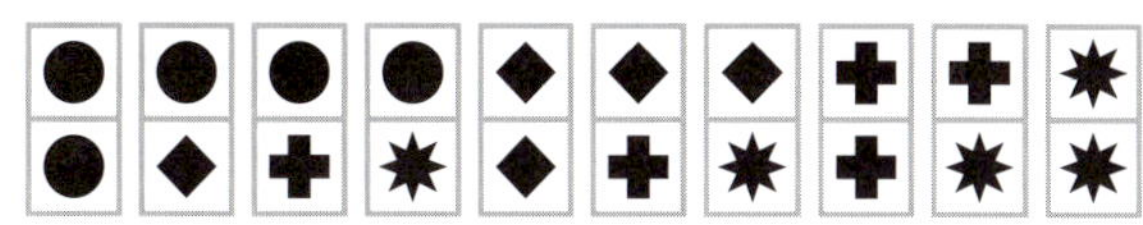

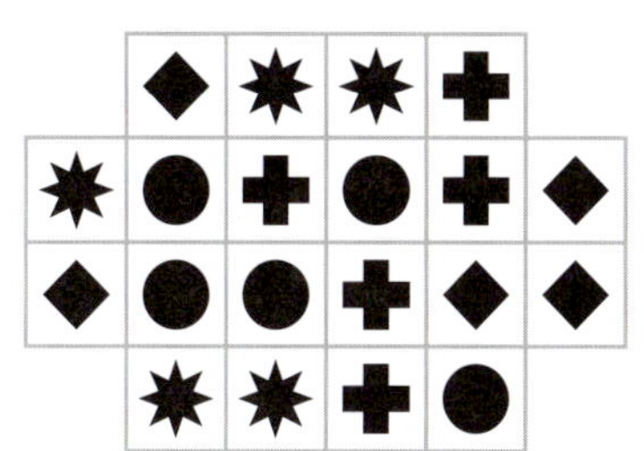

最初のカギを見つけ出すところがポイント。

2枚のタイルはどこ？

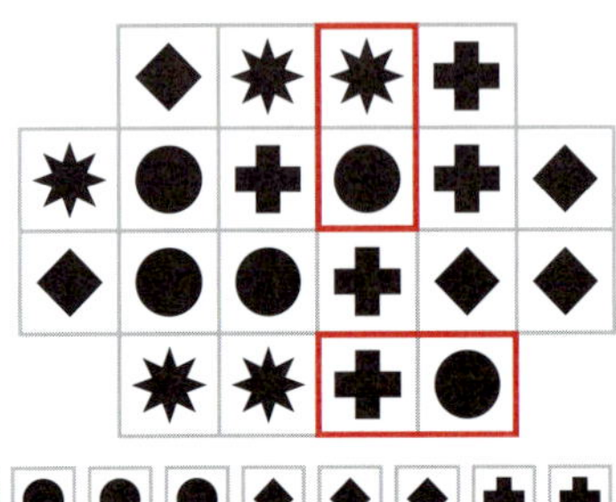

問題解説 まず、10枚のタイルの絵柄から、**そこにしか入らないという場所にあるタイルを探していきます。**左端から順番に見ていきましょう。●●がタテに入るなら、左端のタテ✸◆が左上のヨコと2カ所同じになってしまうので、●●は左から2番目にヨコ並びで入れるしかありません。すると、左端はタテ✸◆、左上はタテ◆●、左下はヨコ✸✸となります。続いて、左上のタテ◆●の右側がタテ✸✚、その右側がタテ✸●、さらに右側がタテ✚✚とわかっていきます。あとは右端がタテ◆◆、右下はヨコで✚●、その上が✚◆になります。

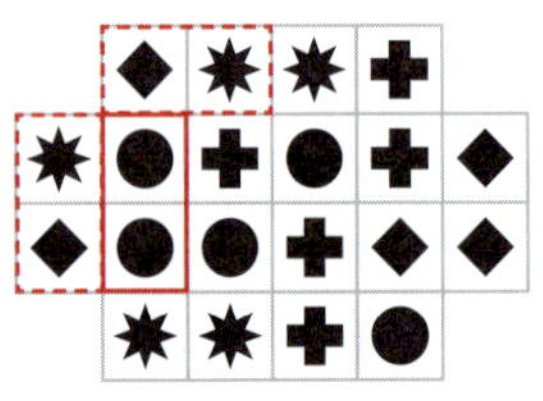

同じ絵柄が重複するので●●のタテはNG。

使う思考 制限時間 小学生の正解率

Bridge 40% Pyramid 60% One by one -% Reverse -% Simple -%

10min

低 38%
高 46%

問題44 テストの正解はAとBどっち？

イチロウくん、ジロウくん、サブロウくんの３人が、テストをうけました。テストは、ＡかＢのどちらかを選ぶもので、必ずどちらか１つが答えです。
３人は、下の表のように答えを書いたところ、それぞれ１問当たり、４問当たり、２問当たりという結果になりました。
この結果から、このテストの答えをすべて当ててください。

	1問目	2問目	3問目	4問目	5問目	当たった数
イチロウくん	B	A	A	B	A	1問
ジロウくん	A	A	A	A	B	4問
サブロウくん	A	A	B	A	A	2問

答え					

テストの正解はAとBどっち？

［答え］1問目A、2問目B、3問目A、4問目A、5問目B

問題解説 この問題は、わかったことを積み上げていく「ピラミッド型」思考で考えていったひとも多いと思いますが、ここでは下記のように解いてみます。
まずは**イチロウくんの答えを逆にします**。すると、**イチロウくんの間違っていたところが正解**になります。

	1問目	2問目	3問目	4問目	5問目	当たった数
イチロウくん	A	B	B	A	B	4問
ジロウくん	A	A	A	A	B	4問
サブロウくん	A	A	B	A	A	2問

イチロウくんの答えを逆にするとジロウくんと同じ4問当たったことになる。

イチロウくんとジロウくんはともに4問正解したことになります。2人が同じ答えの1問目A、4問目A、5問目Bは正解であり、違っている2問目と3問目は、どちらかが間違っている箇所だとわかります。
ここでサブロウくんの答えに注目。サブロウくんがイチロウくんとジロウくんの正解と同じなのは、1問目Aと4問目A。ということは、2問目、3問目はサブロウくんの答えが間違っているので、正解はB、Aとなります。

	1問目	2問目	3問目	4問目	5問目	当たった数
イチロウくん	Ⓐ	B	B	Ⓐ	Ⓑ	4問
ジロウくん	Ⓐ	A	A	Ⓐ	Ⓑ	4問
サブロウくん	Ⓐ	A	B	Ⓐ	A	2問

当たった数と、重なっている答えから、残りの答えを導き出していく。

使う思考

Bridge 70%

Pyramid 30%

One by one -%

Reverse -%

Simple -%

制限時間

8min

小学生の正解率

低 37%

高 44%

問題 45

デジタル計算問題

□に入る数はいくつでしょう？

80 + 18 = 68

88 + 1 = 68

8 + 08 = 88

88 + 18 = □

このパターンの問題は3、4、7の数字が使えません。

デジタル計算問題

88 + 18 = **691**

問題解説 法則を見つけるのが少し難しい問題です。気づいてほしいのは、**デジタル数字は0、1、6、8しかない**ことです。では、なぜ2、3、4、5、7、9はないのでしょう。

じつは、デジタル数字は、**ひっくり返しても成立する数で構成**されています。6を逆にすると9になるといった感じです。そのうえで考えると下記のような数式ができあがります。

80 + 18 = 68 → 89 = 81 + 08

88 + 1 = 68 → 89 = 1 + 88

8 + 08 = 88 → 88 = 80 + 8

このようにひっくり返すと答えが見えてくる。

この問題は、似た数字が使われていることに気づけるかがポイントです。最初の2つの数式が同じ答えになっているのと、3つ目に08という数字を使っているのがヒントです。

88 + 18 = 691 → 169 = 81 + 88

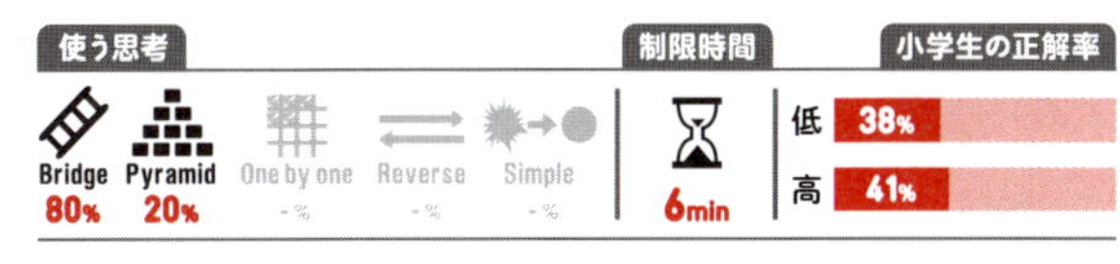

秘密のランプ

ランプが、次のような順番で光ります。最後は、どのランプが光っているでしょう？　光らないランプを黒く塗って答えましょう。

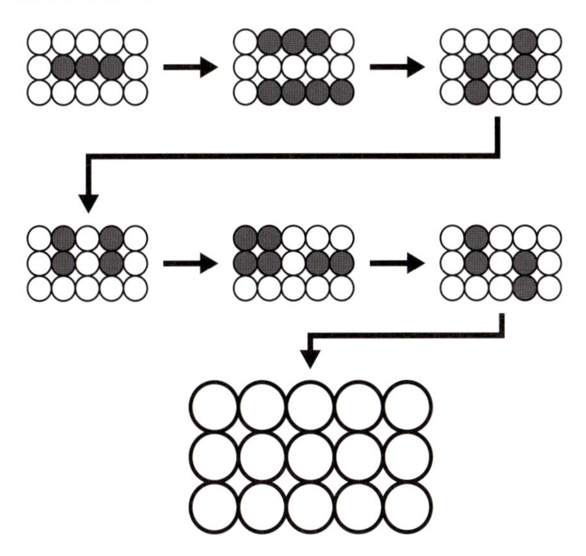

計算するほどわからなくなります。

秘密のランプ

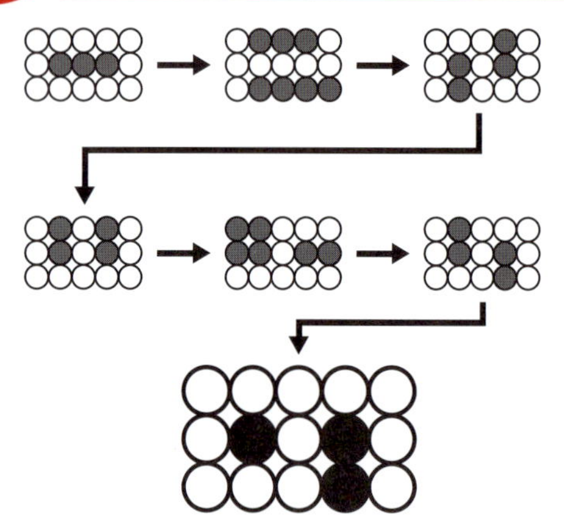

問題解説　法則が見当たらないときは、情報を書き出していきましょう。この問題では、**法則以外に白と黒で表現できるものは何か**を考えていきます。
あまり深く考えると、ドツボにはまってしまいます。ここはもっとシンプルに、白と黒を使って何を表現しようとしているのか？ それが、ある形だということに気づけば、答えが見えてきます。**ここでの白と黒の形はデジタル数字を表しています。**直感的にパッと見て解けたひともいるかと思いますが、デジタル数字だと気づかずに、わからなかったひとが多いかもしれません。まずはいろいろと計算や試行錯誤を始める前に、図や絵というビジュアルがあれば、それをさまざまな角度から見てみることが大事。

使う思考

Bridge 30% / Pyramid 40% / One by one -% / Reverse 30% / Simple -%

制限時間

8min

小学生の正解率

低 31%

高 40%

すべてのマスを1回だけ通るルートは？

S（スタート）からG（ゴール）まで、すべてのマスを1回だけ通るルートを書きましょう。途中の○●は、○●○●……の順番に通ってください。

［例］

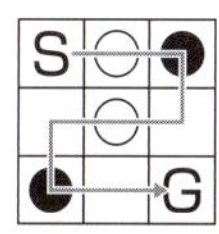

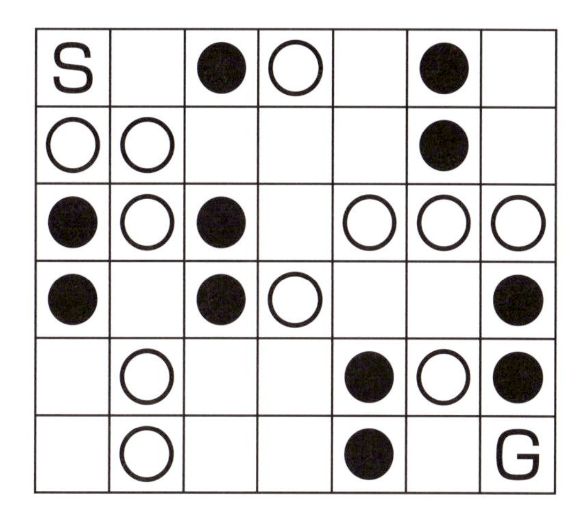

すべてのマスを1回だけ通るルートは？

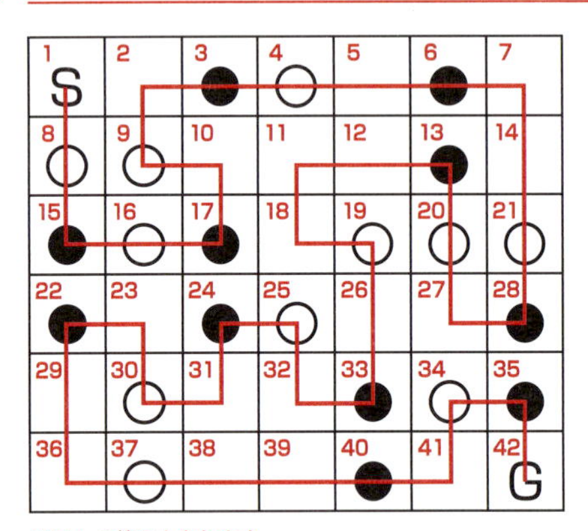

※ほかの答えもあります。

問題解説 ゴールから考えるのが答えへの近道。全部で42のマス目があり、○と●が11ずつ同数あります。Sから○●と進めば、Gの前は●になります。Gから35●→34○→41→40●→39で、32へ行くか38へ行くかですが、先に37○から考えて37○→36→29→22●→23→30○→31。次の●は、上の24かヨコの33ですが、33●に行くと、24●の出口がなくなります。出口は、2カ所以上作らないといけません。まず、31→24●→25○→32→33●→26が決まります。すると、39からは38→37○に進めばいいので、ゴールが26まで近づきます。スタートから考えると、8○→15●→16○→17●→10→9○→2→3●→4○→5→6●と、ここまでくれば、あとは26まで進めます。

問題 48 六角形パズル

六角形のマスに沿って線を引き、1つの輪を作りましょう。

【ルール1】 数字は、そのマスの周りに引かれる線の本数を表します。

【ルール2】 線は、全体で1つの輪になっていなければなりません。

【ルール3】 枝分かれ・行き止まりしてはいけません。

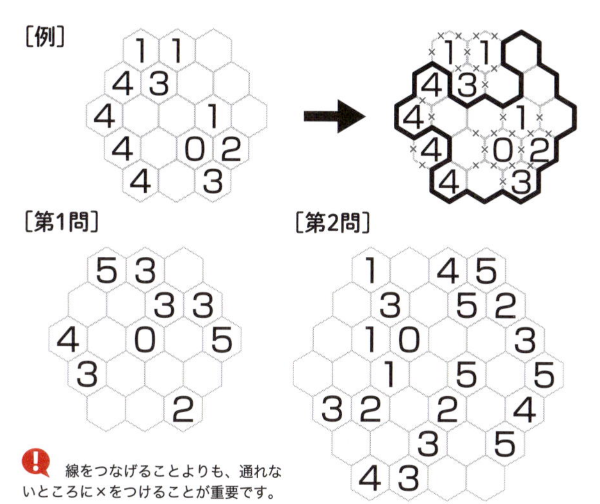

線をつなげることよりも、通れないところに×をつけることが重要です。

六角形パズル

［答え］第１問

［答え］第２問

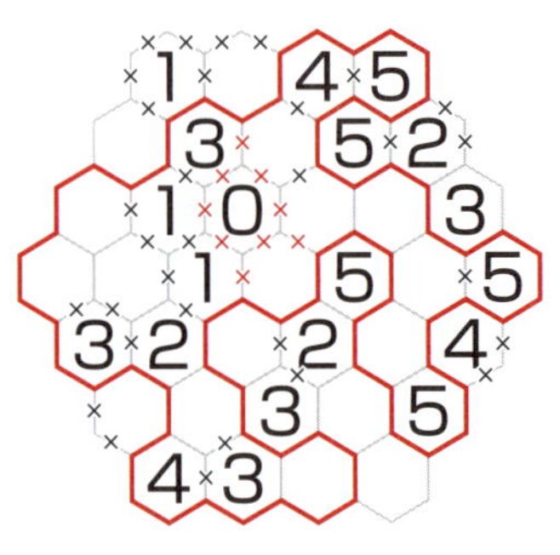

問題解説 通ってはいけないところに×を打っていきます。×をどれだけ正確にたくさん打てるかがポイント。

第１問は０の周りが×ですから、そこに接している３から左回りに考えていきます。０へいってはダメなので、その３の線がすぐに決まります。次に上にある３から５、そして４、３。次に２の周りで通れないところに×をすれば、５から３へはスムーズです。

第２問もまず０の周りに×をし、３から右回り。４から右の５を回り込んで５、２、３、５、４、５。ここからが難しいところです。５から２へ進み５を回り込んで、１から２の右横に線を引くまで進みます。ここから右の２に線を引いてしまうとできません。「リバース型」思考で最初の３からたどって、ゴールを近づけてもなかなか難関です。いったん右の３に進み数字が書いてないところを通るのがカギ。

使う思考

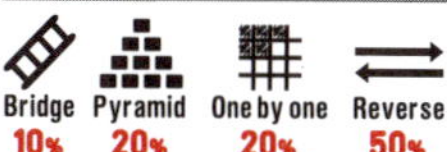

制限時間

小学生の正解率

低 29%
高 38%

問題 49 9つの点を一筆書きで結ぶには？

下の図のように9つの点が並んでいます。これらをすべて通るようにして、4本の直線で、しかも一筆書きで結んでください。なお、出発点と終点が同じになる必要はありません。

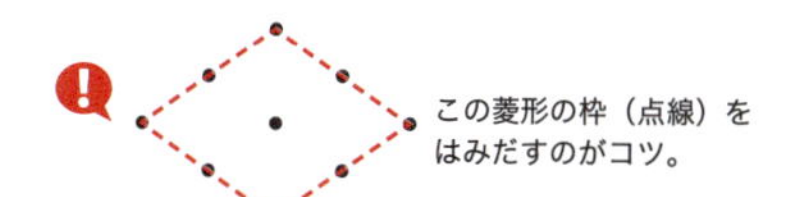

9つの点を一筆書きで結ぶには？

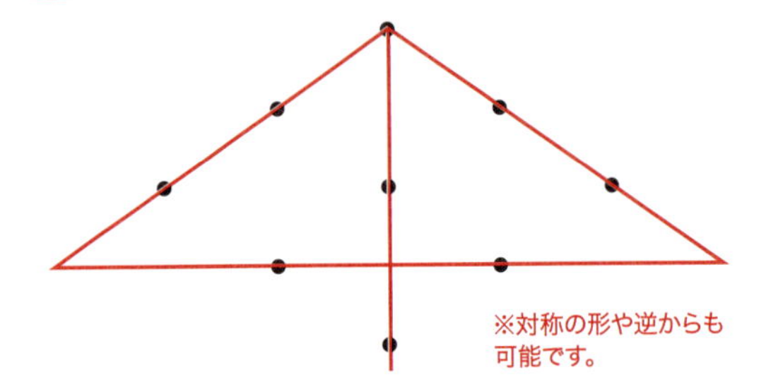

問題解説 一筆書きで結ぼうとすると、鉛筆がどうしても点のところで止まってしまいます。一筆書きで考えるのはあとまわしにして、まず9つの点を通る4本の直線を考えるところから始めてみましょう。

たとえば下図のように平行線があると、一筆書きでは書けません。

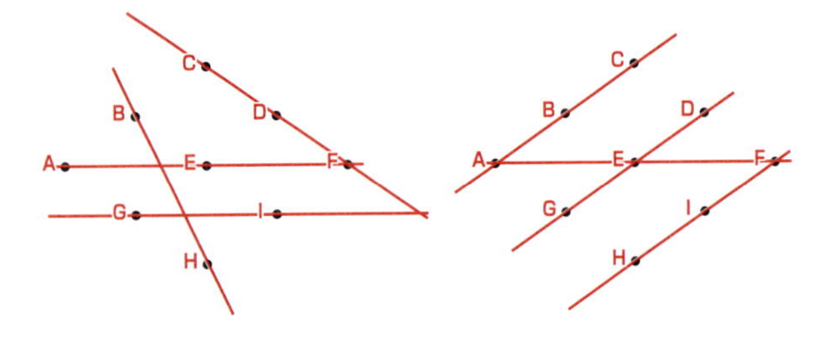

答えの形を考えるのがポイントです。そうすると、相合い傘のような形になっている答えに気づくでしょう。

ひらめき問題⑥

問題6　いくつ覚えられるかな？

ペアが１つずつ。全部で30組の言葉があります。このペアを２分間で覚えて、次ページにある問題に答えてください。ペアの片方が消えた次ページに入る言葉をいくつ書けるか挑戦してみましょう。

ろうそく	ケーキ
はさみ	こうさく
どうろ	くるま
コーヒー	ぎゅうにゅう
ひまわり	ハムスター
まんじゅう	おちゃ
つくえ	いす
ひかり	かげ
そら	うみ
ぞう	きりん
はち	はり
メダル	オリンピック
あめ	かさ
じんじゃ	おてら
よる	おばけ

たいよう	きたかぜ
ぱんだ	ささ
ライオン	トラ
ホットケーキ	はちみつ
ハンバーガー	ポテト
カンガルー	ふくろ
くじら	いるか
うさぎ	かめ
トナカイ	サンタ
ハート	トランプ
いぬ	ねこ
きりん	くび
ポスト	てがみ
ピアノ	おんぷ
てぶくろ	ゆきがっせん

ひらめき問題⑥つづき

前ページで覚えた言葉を空欄に入れてください。覚えた時間と同じ２分以内に答えてください。

	ケーキ
	こうさく
どうろ	
コーヒー	
ひまわり	
まんじゅう	
つくえ	
	かげ
そら	
ぞう	
はち	
メダル	
	かさ
	おてら
	おばけ

	きたかぜ
	ささ
	トラ
ホットケーキ	
ハンバーガー	
	ふくろ
くじら	
うさぎ	
	サンタ
	トランプ
	ねこ
	くび
ポスト	
	おんぷ
	ゆきがっせん

［正解数の評価］
28〜30：想像力、記憶力、どちらもバリバリ活動中。
25〜27：記憶勝負の限界。イメージが大切。
20〜24：集中力に問題あり。普段からもっと頭を使おう。
19以下：あちこち問題だらけ。老化への警告です。

使う思考　　制限時間　　小学生の正解率

Simple -%

低 24%
高 38%

まっすぐ進むロボット

●○はロボットをあらわしています。ロボットは、タテかヨコに進み、壁かほかのロボットにぶつかるまで進みます。ゴール（☆）に●を止めるには、どう動かせばいいでしょう？　矢印と番号で答えましょう。

[例] 3回でクリアできます。

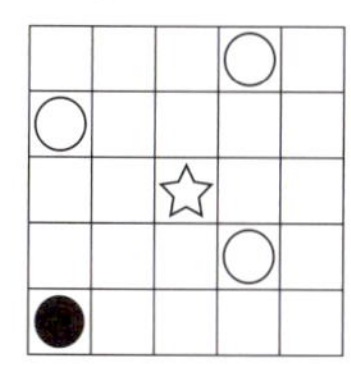

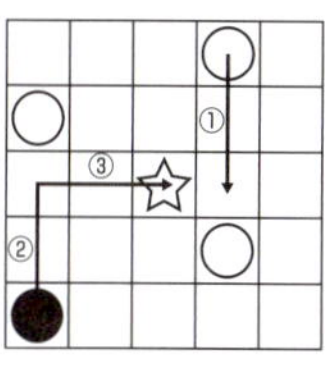

答えは一例です。

[第1問] 5回でクリアできます。

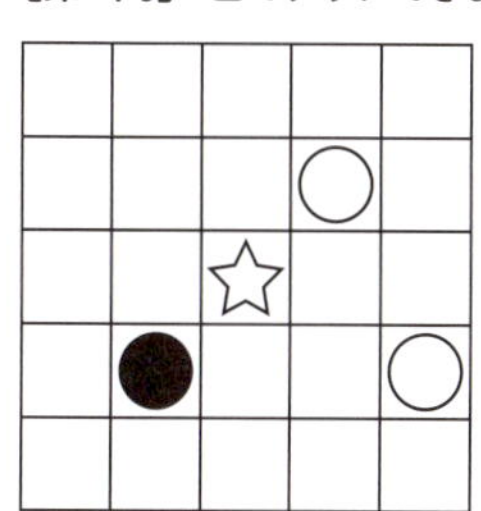

[第2問] 7回でクリアできます。

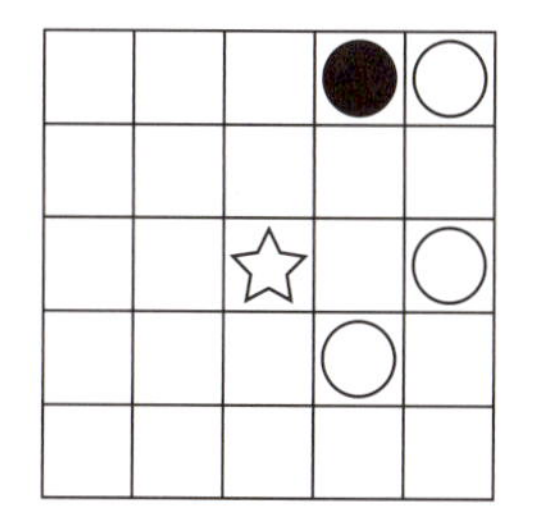

☆の上下左右どこかに○を動かすところから考えましょう。

まっすぐ進むロボット

[答え] 第1問

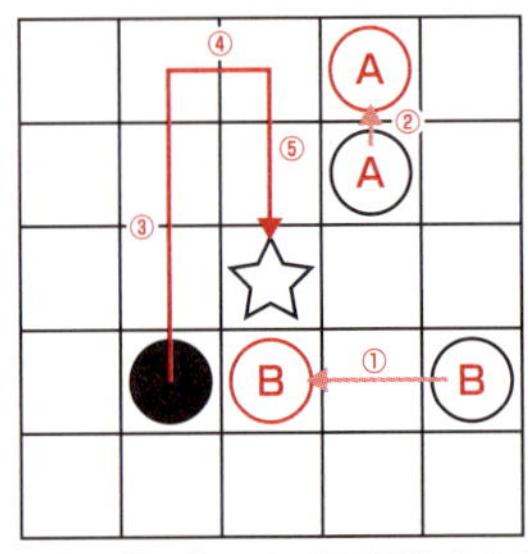

※①と②と③は別の順番があります。

[答え] 第2問

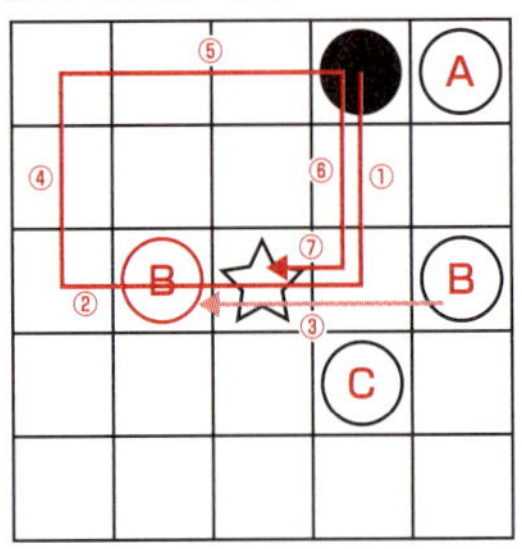

問題解説 **☆のタテ・ヨコに○で壁を作らなければ、●は☆で止まりません。**どこに壁を作ればいいか、「リバース型」思考と「はしご型」思考で考えていきます。

第１問は上の○をＡ、下の○をＢとすると、Ｂを左に２つ進めて☆の下に壁を作り、Ａを上に１つ進めて壁にし、●は上に３つ、右に１つ、下に２つ進んで、☆で止めます。

第２問は、**どこに壁を作れるかを考えます。**○を上からＡ、Ｂ、Ｃとすると、Ｂで☆の左右か、Ｃで☆の下に作れますが、上には作れないことがわかります。そこで、**●がどう進んだらいいか、見当をつけてシミュレーション。**左に３つ進むとダメで、**下へ２つ進んでＣを壁にして、左へ３つ進む。**次に上へ１つ進むのではなく、上へ２つ、右へ３つで元の位置に戻ります。ここまで●を４回動かしました。ここで**Ｂを左へ２つ動かせば壁になる**ことに気づけばOK。

使う思考

One by one -% Reverse -% Simple -%

制限時間 20min

小学生の正解率 低 27% 高 35%

問題 51 魔法のカード

下の５枚のカードを使って、友だちや家族の誕生日をすぐに当てることができます（月は関係ありません）。自分の誕生日が入っているカードに〇、入っていないカードに×をしてもらうと、次のような結果になりました。どうして誕生日がわかったのでしょうか？

A

1	3	5	7
9	11	13	15
17	19	21	23
25	27	29	31

B

2	3	6	7
10	11	14	15
18	19	22	23
26	27	30	31

C

4	5	6	7
12	13	14	15
20	21	22	23
28	29	30	31

D

8	9	10	11
12	13	14	15
24	25	26	27
28	29	30	31

E

16	17	18	19
20	21	22	23
24	25	26	27
28	29	30	31

名前	A	B	C	D	E	答え（日）
ゆりこ	〇	×	〇	×	〇	21
たけし	〇	〇	×	×	〇	19
すすむ	×	×	×	〇	〇	24
よしえ	×	〇	〇	〇	×	14
いくよ	×	×	〇	〇	〇	28

解答51 魔法のカード

［答え］○のついたカードの左上の数字を足すと誕生日になる。

問題解説 ゆりこさんが○をつけたカードはAとCとEの３枚。３つのカードに共通する数字を探しましょう。Eのカードでもっとも小さな数である16から見ていきます。

A

1	3	5	7
9	11	13	15
17	19	21	23
25	27	29	31

C

4	5	6	7
12	13	14	15
20	21	22	23
28	29	30	31

E

16	17	18	19
20	21	22	23
24	25	26	27
28	29	30	31

16はAとCにない、17はCにない、18はAとCにない、19はCにない、20はAにないので、ここまでは全部ダメ。次の21はA、C、Eの３つのカードにあることが確認できます。23、29、31はほかのカードにも入っているので、３つのカードだけに入っている数字は21です。このようにして、**数を1つずつカードで確認していけば、ゆりこさんの誕生日がわかります。**ところが、問題では**瞬時にゆりこさんの誕生日がわかった**のですから、何らかの法則性があることになります。もう一度、A、C、Eのカードをよく見ていきます。カードの最初にある数字A＝1、C＝4、E＝16を足してください。1＋4＋16＝21になります。試しに、たけしさんはA、B、Eに○をしました。カードの最初にある数字はA＝１、B＝２、E＝16ですから、すべてを足すと、1+2+16＝19です。同じようにして、残りの３人もやってみてください。

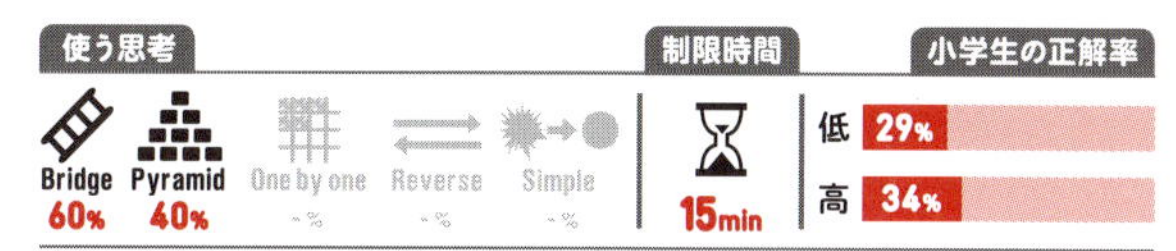

問題 52 ？の数字は

数字が、あるルールで並んでいます。
となりあった２つのマスから、その下の数字がわかるようになっているのですが、このルールで考えると「?」のマスにはどのような数字が入るでしょう?

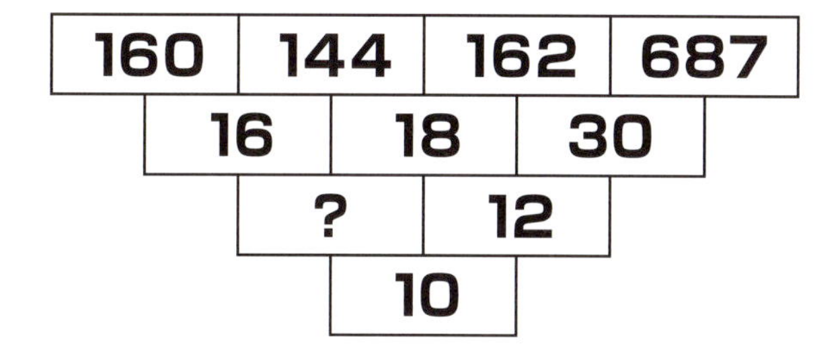

1年生でも解ける簡単な計算であることを忘れずに。

？の数字は

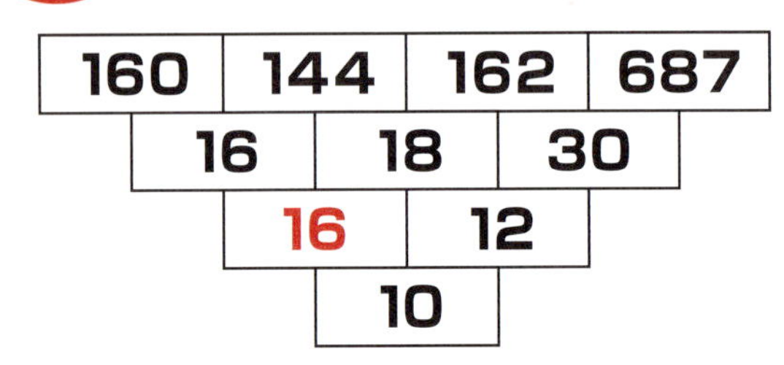

問題解説　ここで問われるのは検証力。そのまま読んでいては、相当な計算でもたどり着けない「687」という数字があることに注目します。そこで「687は六百八十七ではないな」と確信すれば、答えに近づくことができます。左上の160という数字に注目します。160は１と６と０でできていることに気がつきましたでしょうか。同じように、144は１と４と４。このように数字をバラバラにしていきます。そして、バラバラにした数字をすべて足していくと「1＋6＋0＋1＋4＋4＝16」になります。このやり方が、この問題のルールです。続けて２段目も、数字をバラバラにしてみましょう。16は１と６、18は１と８ですね。ここで足し算をします。「1＋6＋1＋8＝16」ですから、「？」は「16」になります。
選択肢を消していくのは、新たな選択肢を探すうえでとても重要。答えの見えない問題にぶつかったとき、わかったことを整理して、小さなことでも消せる選択肢は確実に消すことで、思考を横に広げることができるようになります。

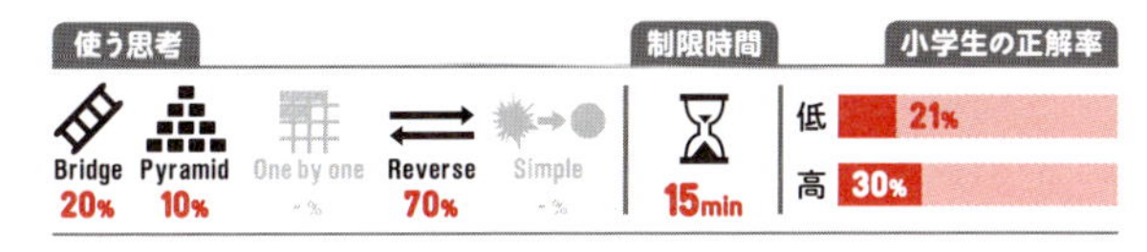

問題 53 四角のじゅうたんを作れ！

大変なことになりました。大事なじゅうたんに、まちがって穴をあけてしまいました。これでは売れません。マス目に沿って2つに切り分けて、それを組み合わせて穴のない四角のじゅうたんにしてください。

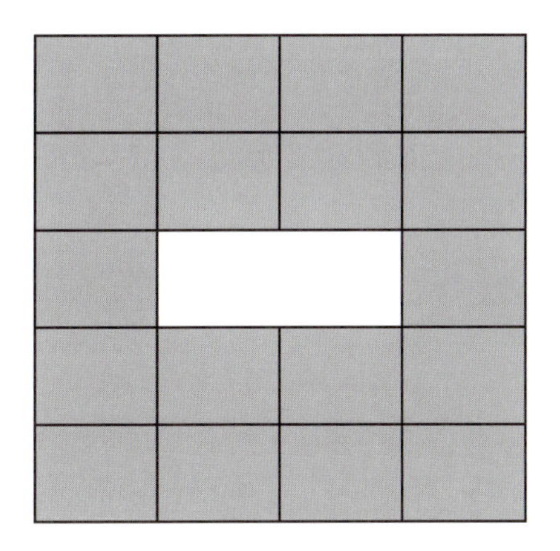

答えの形を割り出したら、あとは「リバース型」思考で考えましょう。

四角のじゅうたんを作れ！

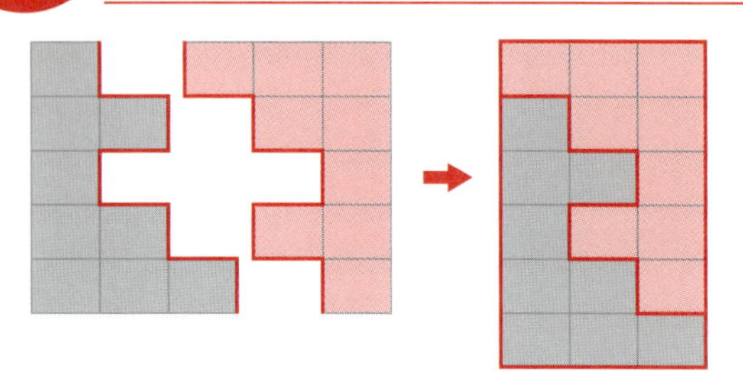

問題解説 マス目は全部で18ありますから、ヨコが３、タテが６の長方形が答えになることが予想できましたでしょうか。

問題図をまん中で２つに切って、右側の図形を左側に重ね合わせて、ヨコが３、タテが６になるようにしてみます。

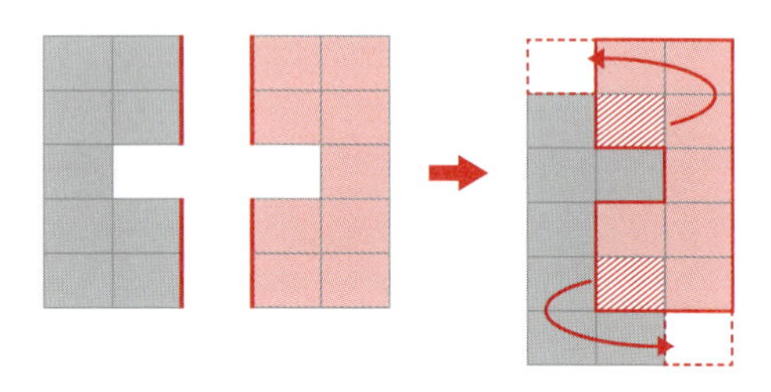

重ね合わせると、上下の端に空白ができ（点線部分）、左右の図で重なるマス目ができます（斜線部分）。重なっているマス目は上下で２カ所あるので、図のように、空白の点線部分に持ってきてうめれば、ヨコ３、タテ６の長方形ができあがります。

ひらめき問題⑦

数字に入る文字を当てよう！

同じ数字には同じ文字（ひらがな）が入ります。文章から判断して、どの数字にどの文字が入るかを推理して答えましょう。1つの文章だけではわからないので、ほかの文章と見比べる必要があります。

［第1問］

[1][2][3]をやく。

[3][2][4]になる

[4][1][2]のけつまつ。

ここが[4][5][3][2]。

［第2問］

[1][2][3]がさく。

[2][3][4]がかわる。

[2][4][5]をのむ。

[2][1][5]がきれる

ひらめき問題⑦

[答え] 第1問

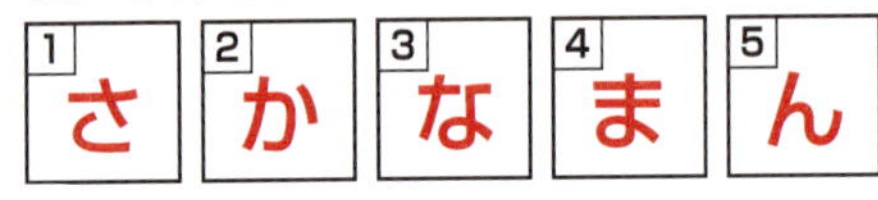

[答え] 第2問

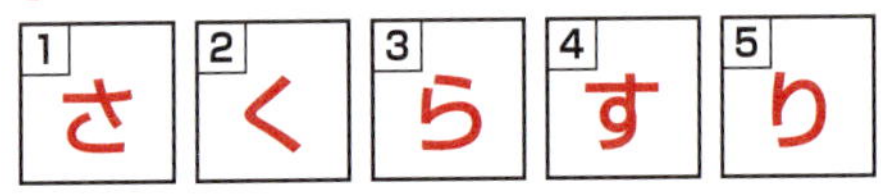

問題解説 「推理力」も鍛えておきたい

この問題で問われるのは「推理力」です。私たちはふだんの生活で、意識するしないにかかわらず、「推理」しているものなのです。ただ多くの場合、それが「勘」になってしまっているだけのこと。ただの当てずっぽうが「勘」で、そこに検証が入ってくると「推理」になるのです。「推理」では、まず問題を解くときに「こうじゃないか」と仮定することから始まり、検証作業をしていくのが大事なのです。そのクセをつけると、ただの「勘」ではなく、立派な「推理」になります。

この「推理力」を培うために大事なことは、この問題をとにかくやってみること、わからなくても書いてみること。そして、書いたことを検証していくことです。「書いてみてはじめてわかる」という体験を積み重ねることが大切です。

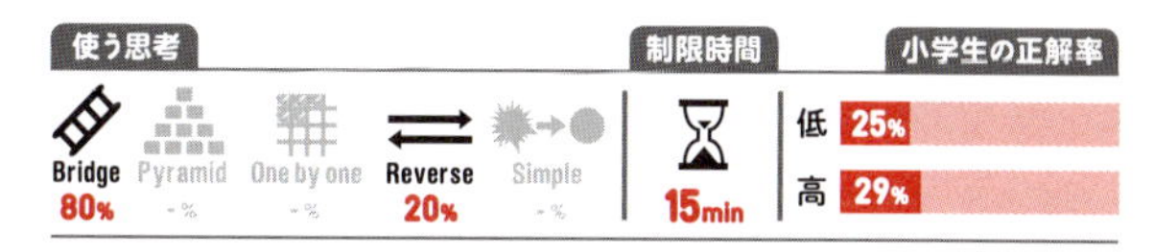

頭文字だけで推理！

「あるもの」のイラストが書かれています。なんのイラストなのか、当てましょう。ひらがなは、「あるもの」の一部の頭文字をあらわしています。

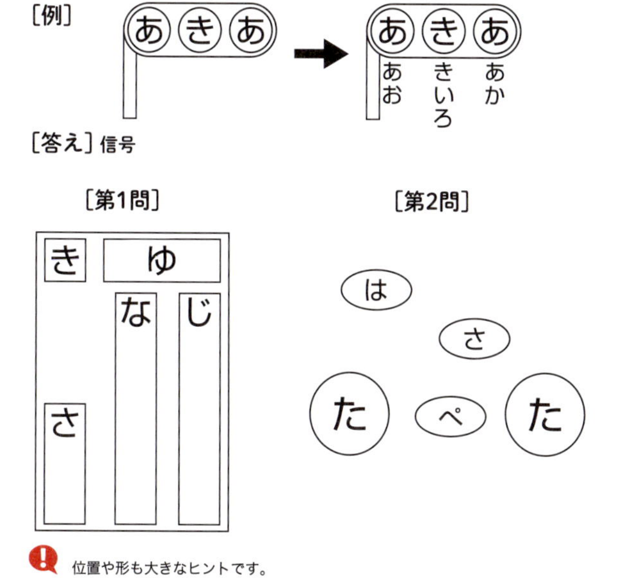

位置や形も大きなヒントです。

頭文字だけで推理！

［答え］第1問：郵便はがき／第2問：自転車

問題解説 一見すると、手がかりが何もなさそうに思えます。情報が単純すぎるので、「はしご型」思考から「ピラミッド型」思考へ移しにくいのです。そこで、まずは頭文字から思いつく言葉を挙げていきます。第１問は頭文字の「な」がこの配置のまん中にくるものは何か、と考えていきます。これはすぐに「なまえ」とわかる小学生が多いようです。まん中に「なまえ」がきて、左上の「き」が「きって」の形に似ているので、左下の「さ」が「差出人」とわからなくても、答えは「郵便はがき」と気がつくでしょう。ちなみに「ゆ」は「郵便番号」、「じ」は「住所」です。
第２問は、形が変わっているので、まん中が「ぺ」で、同じ大きさの丸い「た」が２つあるから、直観的にわかるひとが多いかもしれません。わからなければ、その頭文字を列挙していきます。「た」で始まる丸いものは「タイヤ」だと気づけば、「ぺ」は「ペダル」で、答えは「自転車」となります。「は」と「さ」は頭文字の言葉が多すぎるので、これは後回しにするのが得策です。

使う思考

Bridge 70%　Pyramid 10%　One by one 20%　Reverse -%　Simple -%

制限時間 15min

小学生の正解率　低 20%　高 28%

問題 55 デジタル数字、左と右で同じ数にするには？

数字を、棒であらわしたデジタル数字があります。決められた本数の棒を動かして、正しい式にしましょう。棒を捨てたり、折ったりするのはダメです。

［例］3本動かす。

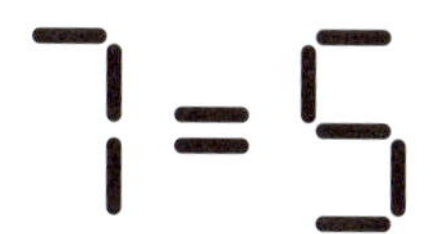

［答え］4＝4で、左と右が同じ。

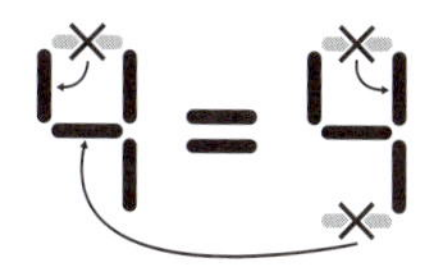

動かす棒に×、どこに動かすかを→で書きましょう。

［問題］1本動かす。

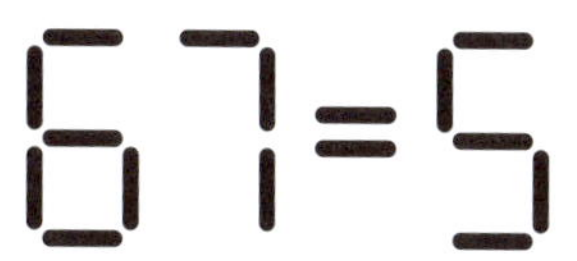

デジタル数字、左と右で同じ数にするには？

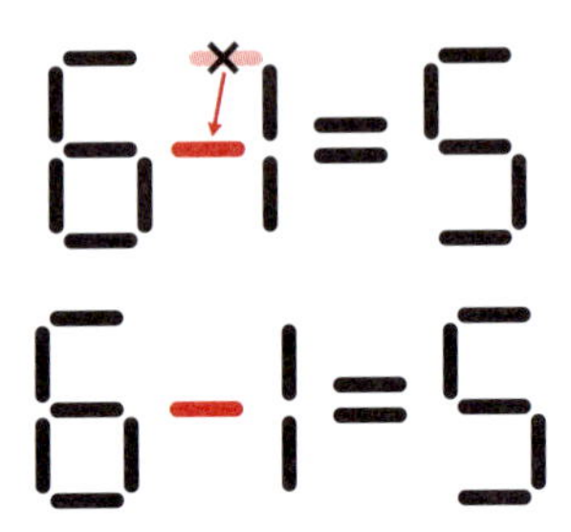

問題解説 どういう方針でいくのか、初めに決めておくことが大事です。67＝5と、2ケタと1ケタの数字ですから、1本動かして同じにするのは2ケタ同士ではないことに気づきます。ということは、67を1ケタにするやり方しかありません。まず、6から1本動かして別の数字を作ることを考えると、5、8、9は作れますが、これでは67を1ケタにすることはできません。

5は2ケタになりませんので、67を1ケタにするという確信を持つことが大事です。67がどうしたら1ケタになるのか、やり方はおのずと決まってくるはずです。そこで、6と7を分けて、式にすることに考え至れば問題は解決です。

6を動かしても1ケタの数字を作るのは難しいので、7をどうにかするしかありません。7から1本取り除いて作れる数字は何かを考えると、1しかないことがわかります。選択肢はそれしかないので、7の1本で「－」を作って、「6－1」にすれば、「＝5」になります。

使う思考

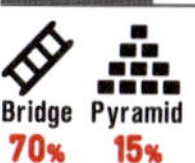

Bridge	Pyramid	One by one	Reverse	Simple
70%	15%	15%	-%	-%

制限時間 15min

小学生の正解率 低 18% 高 25%

問題 56 マッチ棒パズルに挑戦！

マッチ棒を３本動かして、正三角形を４つにしましょう。

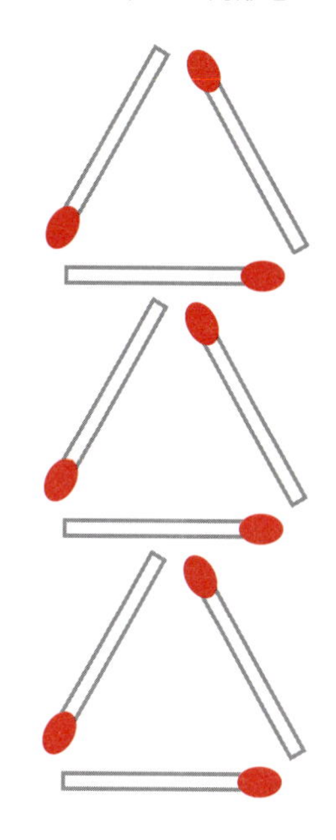

同じ大きさの三角形4つとは限りません。

解答
56
マッチ棒パズルに挑戦！

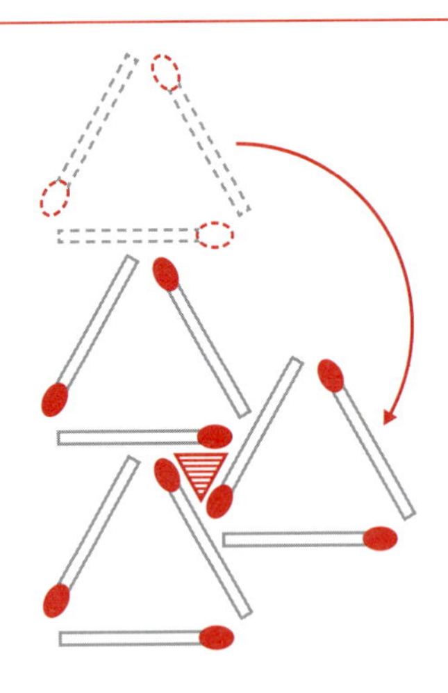

問題解説 問題文のポイントは**「正三角形を4つに」と書いてあるだけで、大きさには触れていない**ところです。とにかく、３本動かす方法でやっていくしかありません。法則はないので、試行錯誤しながら、１つずつつぶしていきましょう。
このように、マッチ棒パズルは面白い問題がたくさんありますが、最近はふだんの生活であまりマッチ棒を使わなくなってしまったので、綿棒などを代わりにしてチャレンジしてみるのもいいですね。試行錯誤は単純な作業で飽きやすいので、あれこれ考えて楽しみながらやるのがコツです。

使う思考

Bridge 60% Pyramid 20% One by one 20% Reverse -% Simple -%

制限時間

15min

小学生の正解率

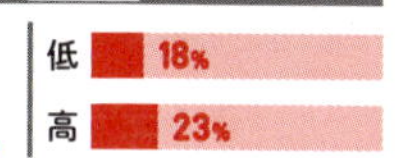

問題 57 3本の直線で9つの三角形を作って！

下図にまっすぐな線を３本引いて、三角形が９つできるようにしてください。三角形どうしは、重ならずに数えます。

［例］この場合は、2つとして数えてください。3つと数えてはいけません。

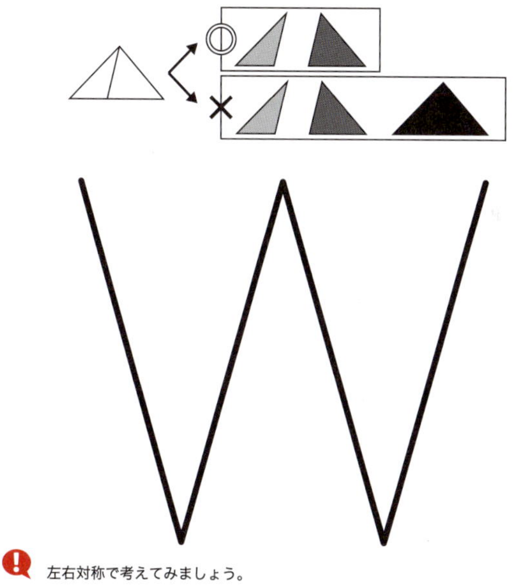

左右対称で考えてみましょう。

3本の直線で9つの三角形を作って！

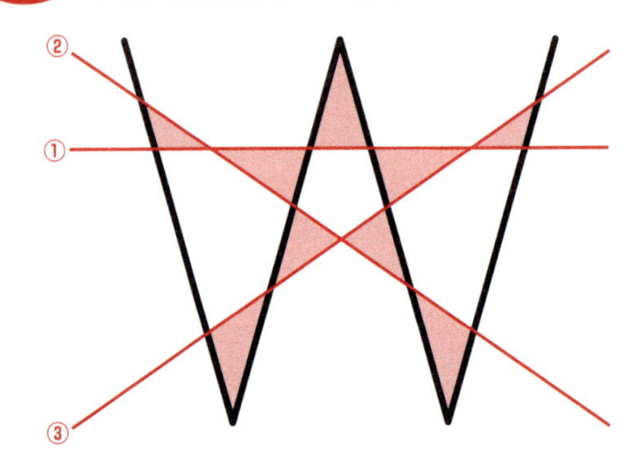

問題解説 たくさんの図形を作るには、たくさんの線が交わることが重要です。見当をつけながら順番にやっていくと、答えにたどり着けると思います。2本目、3本目の線を引くところからは、どこに引けばいいか、「しらみつぶし型」思考で考えるようにします。
まず、直線がタテに4本あるので、その4本に交わるように直線をヨコに1本引いてみます（図の①）。これにより、タテ4本、ヨコ1本と、全部で5本の線ができます。
次は、その全部で5本ある線に交わるように、上のほうからナナメの線を1本引いてみます（図の②）。これで、線は全部で6本になります。
最後に、その6本の線に交わるように、今度は左下のほうからナナメの線を1本引いてみます（図の③）。このとき、中央のところが☆の形になるように引くのがポイントです。

使う思考

Bridge -% / Pyramid 40% / One by one -% / Reverse -% / Simple 60%

制限時間 15min

小学生の正解率 低 10% 高 20%

問題 58 名探偵・推理パズル

ある大金持ち・タロウ氏の家から、2月16日の午後11時頃、高価なダイヤモンドが盗まれてしまいました。その日、家に来ていたのは次の6人です。

■イチロウ氏　■イチロウ氏の妻
■ジロウ氏　■ジロウ氏の妻
■サブロウ氏　■サブロウ氏の妻

助手が集めた6つの証言を聞いて、ダイヤを盗んだ犯人を当ててください。
証言にうそはありません。犯人は1人だけです。また、タロウ氏がダイヤを盗まれたフリをしたわけでもありません。

[1] イチロウ氏は2月16日の午後9時に将棋を1回だけ指して、負けた。
[2] サブロウ氏の妻は2月16日の午後3時に屋敷に着いた。
[3] イチロウ氏は泳げない。
[4] ジロウ氏の妻は夫が将棋ができないことを知っている。
[5] 犯人は、2月16日の午前10時頃に庭のプールでジロウ氏と泳いだ。
[6] 犯人の配偶者は2月16日の午後9時に、将棋を1回だけ指して、勝った。

名探偵・推理パズル

［答え］サブロウ氏

情報を整理して、無駄な情報を省いていきます。犯人について言及しているのは［5］と［6］なので、そこから検討していきます。

（ア）犯人でないとわかるのは［5］から犯人と一緒に泳いだジロウ氏、［3］から泳げないイチロウ氏、［2］から午後３時に着いたサブロウ氏の妻。まず、この３人を犯人候補から外します。

（イ）犯人の可能性があるのは、サブロウ氏、イチロウ氏の妻、ジロウ氏の妻の３人。

（ウ）もしイチロウ氏の妻が犯人だとすると、［6］から将棋を指していたのはイチロウ氏ということになり将棋に勝っていますが、［1］でイチロウ氏は将棋を１回だけ指して負けたとあるので矛盾しています。これでは、イチロウ氏がひとり将棋をしたことになります。

（エ）ジロウ氏の妻が犯人だとすると、［6］からジロウ氏は将棋を指していたことになり、［4］の証言でジロウ氏は将棋ができないことになっているので矛盾してしまいます。

（オ）よって、犯人はサブロウ氏ということがわかります。

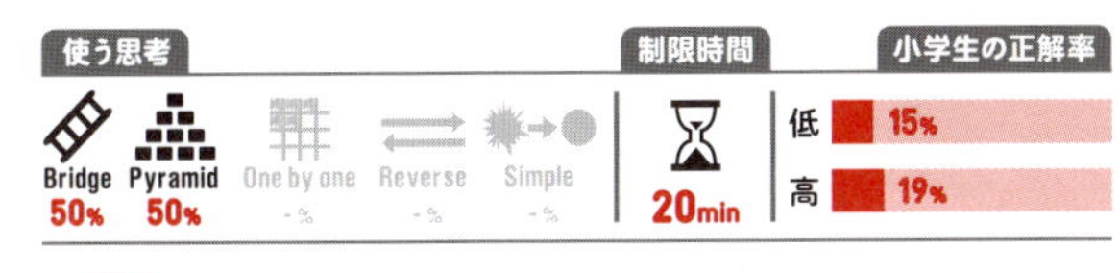

問題59 4人のガードマンで49の部屋を見張るには？

美術館に４人のガードマンを配置して、すべての部屋を見張れるようにしましょう。ガードマンは、自分がいる部屋からタテ・ヨコはまっすぐどこまでもと、ナナメとなりの部屋を見張ることができます。

７×７＝49の部屋を４人のガードマンで見張るには？

下のマス目に○を４つ書きましょう。

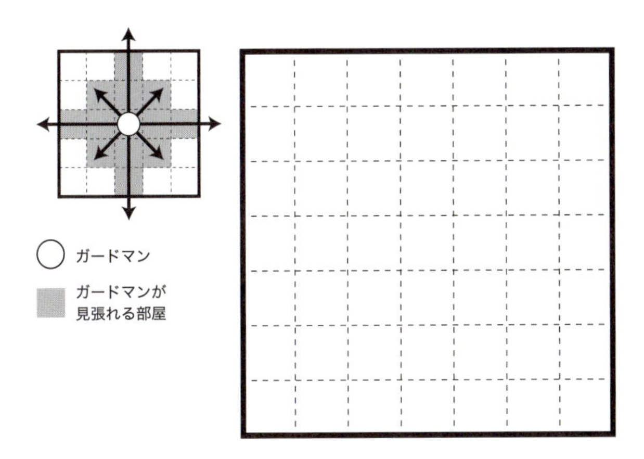

対称形の美しい配置が現れます。

解答59 4人のガードマンで49の部屋を見張るには？

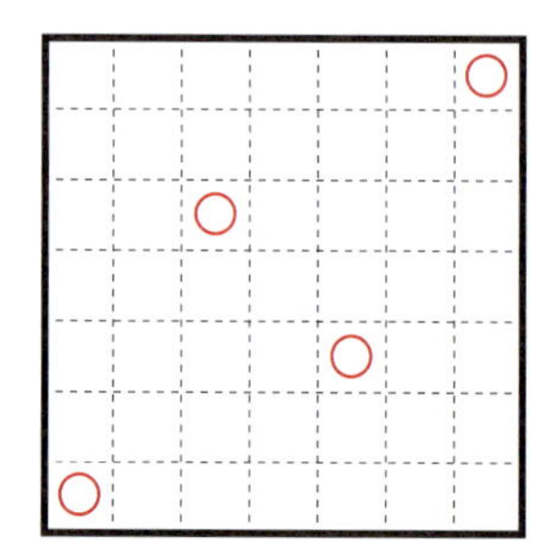

問題解説 ルールをしっかり把握することが大事。**4人ですべての部屋を見ますが、タテ・ヨコまっすぐはどこまでも見張れるけど、ナナメは次の1部屋しか見張れません。**

手がかりはなさそうですが、見当をつけて何度かやってみると、一番端の4列がうまくいかないことに気づきます。そこで、四隅の対角線上にある2カ所にガードマンを配置。これで端が見張れるようになります。この2人が見張れるところを塗りつぶせば、あとの2人をどこに配置すればいいかが見えてきます。

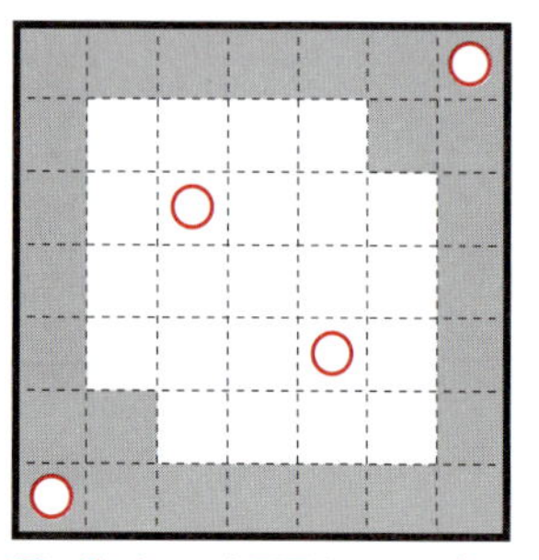

隅にガードマンを配置することで無駄なスペースがなくなる。

使う思考

制限時間 20min

小学生の正解率

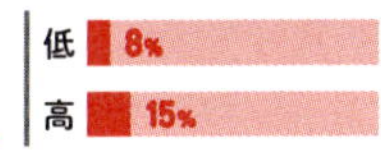

問題60 年齢当てパズル

ふたりの話を聞いて、最後の問題に答えましょう。

イチロウさん「うちには子どもが３人います」

ジロウさん「お子さんたちの年はいくつですか？」

イチロウさん「ふつうに教えてもつまらないですね、３人の年をかけ算すると36になりますよ」

ジロウさん「さすがにそれじゃわからない……もっとヒントをください！」

イチロウさん「そうですね〜、３人の年を足し算すると、私の住んでいるマンションの階数になりますよ」

ジロウさん「イチロウさんの住んでいる階は知ってますけど……それでもわからない。最後に１つだけヒントを！」

イチロウさん「しょうがないですね、いちばん上の子はピアノがひけます」

ジロウさん「わかった！」

さて、問題です。イチロウさんの３人の子どもの年齢は、それぞれいくつでしょう？　1.2歳や、３歳半などの中途半端な数ではありません。１歳、２歳のようにちょうどの数です。

！ すべての話に意味があります。

解答
60 年齢当てパズル

[答え] 2歳、2歳、9歳

この問題は、頭の中だけで考えていたのでは、なかなか解答にたどり着けません。わかったことを積み上げていく「ピラミッド型」思考で解いていきます。

(1) 3人の年齢をかけ算すると36になる組み合わせを考える

①1×1×36　②1×2×18　③1×3×12　④1×4×9
⑤1×6×6　⑥2×2×9　⑦2×3×6　⑧3×3×4

(2) 次に、3人の年齢を足し算する

①1＋1＋36＝38　②1＋2＋18＝21　③1＋3＋12＝16
④1＋4＋9＝14　⑤1＋6＋6＝13　⑥2＋2＋9＝13
⑦2＋3＋6＝11　⑧3＋3＋4＝10

この時点で、階数を知っているジロウさんが、
答えを言えなかったのはなぜかを考えます。

この段階で、ジロウさんはイチロウさんが住んでいる階数を知っているのに、答えがわからなかったのは、**足し算をしたときに同じ答えがあったから**です。1＋6＋6と2＋2＋9が、ともに13になります。

⑤1＋6＋6＝13　⑥2＋2＋9＝13

そこで、最後のヒント「いちばん上の子はピアノがひけます」から、**上の子が6歳の双子ではなく、9歳の子がいるほうが答え**だと、わかったわけです。

問題 61 暗号テクニック①
たぬき暗号

暗号文を解読すると、クイズの問題文が出てきます。そのクイズの答えは何でしょう？　どの字を抜けばいいか、考えましょう。

にじほんでいちじばんじたかじい
たじわーはなんじでじしょうじ？

問題 62 暗号テクニック②
ずらし暗号

次の言葉を解読して、別の言葉にしてください。

[第1問]　けせる
[第2問]　むこる
[第3問]　ちたぶあ

問題 63 暗号テクニック③
おきかえ暗号

「ま」「は」は別の文字にかえると、正しく読める文になります。どうかえればいい？

まはふをひろう
やまはをたべる

暗号テクニック①
たぬき暗号

［答え］東京スカイツリー（「じ」を抜く）。

にじほんでいちじばんじたかじい
たじわーはなんじでじしょうじ？

解答 62 暗号テクニック②
ずらし暗号

［答え］

［第1問］　けせる　⇒　くすり（五十音で1つ前の文字にずらす）
［第2問］　むこる　⇒　まくら（2つ前の文字にずらす）
［第3問］　ちたぶあ　⇒　てつぼう（2つあとの文字にずらす）

解答 63 暗号テクニック③
おきかえ暗号

［答え］「ま」→「さ」、「は」→「い」に置き換える。

まはふをひろう　⇒　さいふをひろう
やまはをたべる　⇒　やさいをたべる

暗号テクニックを使って、答えにたどり着こう！

3つのキーワードを使って暗号を解読してください。

1	2	3
けてら	おぐえ	とぎむ

『こばてうこしか』とは何ですか？

ここでは前問と違う暗号テクニックを使います。

暗号テクニックを使って、答えにたどり着こう!

答え：かみしばい

問題解説 キーワード１～３は、すべて「ずらし暗号」になっていますので、このカギを解読していきます。

キーワード１の「けてら」は、１つ次の文字にずらすと、け→こ、て→と、ら→り、となります。まず、この「ことり」が１つめのカギになります。

キーワード２の「おぐえ」は、２つ前の文字にずらすと、お→う、ぐ→が、え→い、となるので、この「うがい」が２つめのカギです。

キーワード３の「とぎむ」は、１つ前の文字にずらすと、と→て、ぎ→が、む→み、となるので、この「てがみ」が３つめのカギです。

ここで、わかったことを紙に書き出してみないと、なかなか気づかないかもしれません。

「ことり」は「こ」を取る。「うがい」は「う」→「い」にかえる。「てがみ」は「て」→「み」にかえる。というのがカギですから、暗号の「こばてうこしか」は「ばみいしか」になります。ここから先は、問題61～63では経験していない暗号「アナグラム」が出てきます。

「アナグラム」とは、単語をバラバラにして並べ替えて、新しい単語を作ることです。この並べ替えが最後の暗号になっています。このアナグラムの暗号「ばみいしか」を並べ替えると、答えの「かみしばい」になります。

あとがき

「５つの思考術」を体感いただけましたか？
　この本の目的は、娯楽として問題を解きながら自分のアタマの動きをのぞき、問題ごとに変わる思考方法をご自身で感じてもらい、今後、問題にぶつかったときに、５つの思考術を使い分けてもらうことです。しかし、何となくわかるようなわからないような、という方も多いと思いますので、パズルと少し離れて最後にもう一度説明させていただきます。

　仕事や生活の中で考え込むのはどんなときですか？　と聞かれ、すぐに答えられる人は少ないと思います。普段の生活やルーティンな仕事のなかで、アタマを抱え込むようなことはあまりありません。とくに経験を積むとベストな選択肢を選ぶことも容易になります。複雑な見積もりや図面の作成、料理や洗濯。これらは人類にしかできない、とても複雑な仕事です。しかし、アタマを抱えるかと言われると答えは「ノー」です。
　人がアタマを抱えるときのポイントは、経験不足やこれまでの経験があまり役に立たないとき、つまり非日常の出来事に直面したときです。先ほどの例に照らし合わせると、仕事でのトラブル、ホームパーティの料理作りとなると、話は変わるはずです。その（たぶん）日常ではない誰もが経験するシーンのひとつ「ケンカ」を題材として「５つの思考術」を説明します。
「ケンカ」といってもさまざまですが、ここではライトなもので、夫婦ゲンカ、またはカップルのケンカ程度ということにしましょう。また、自分のほうから仲直りしようと考えているシーンとさせてください。

【はしご型】

「謝ったほうがいいかな」「どうやって謝ろうか」と悩み、経験上仲直りできそうな方法をアタマの中で1つずつシミュレーションします。じっくり考えていることには変わりないのですが、アタマの中で行われていることは、「思いつき」をつなげているだけなので、ほぼ空想とも言えるでしょう。本番では初めの一歩から予想が外れてしまうこともしばしばです。

【ピラミッド型】

相手を説得し、何とかわかってもらおうとする男性に多く見られる思考です。自分の言い分をロジカルに組み立て、いかに自分の意見が正当かを熱弁します。しかし実際の男女間のケンカではほとんど成功しないでしょう。

【しらみつぶし型】

まず、仲直りのきっかけとして、どんな方法があるのかを冷静に考えます。謝る、ごまかす、怒る、プレゼントをするなど、思いつく限りをアタマに浮かべ（時には紙に書き出し）、次にそれぞれを1つ1つ検証していきます。これはライトというより、かなりこじれたケンカで使うことをおすすめします。

【リバース型】

ケンカ相手が男性であれば、この方法をおすすめします。何度かケンカをした相手であれば、最後はどういう流れで仲直りするかを想像するのは容易です。ゴールが見えているので、その１つ手前で何をするかも絞れます。その流れでいくつかさかのぼっていけば、今とるべきベストな行動が見えてきます。これがリバース型です。

【単純変換型】

着眼点を確かめるところがこの思考のスタートです。まず、なぜケンカをしているのか、もう一度考えてください。自分は何に腹を立てたのか、相手は何に怒っているのか。そこで出した答えにもう一度「そこのどういう部分？」と自問自答を繰り返します。するとケンカの核が見えてきます。ある意味、危険性を伴うので、ライトなケンカでお使いください。

たとえパズルや算数のような、明確な答えがない仕事やプライベートでの問題でも、このように考え方を切り分けることで、これまで以上の解決方法を見つけ出すことができるようになります。しかし、思考術を要求されるシーンは、ほとんど非日常においてです。アタマを悩ませる問題にぶつからない人生がいちばんだと思うのですが、なかなかそうもいきません。この本で示したように、パズルは思考を切り替える練習をするためのとてもいい道具なのです。パズルと聞いて思わず顔をしかめてしまう方も少なくありませんが、子どもの教育のためだけでなく、大人にとっても有意義なものです。この本を通して、パズルの力を一人でも多くの方に知っていただければ幸いです。

最後に、この本を執筆した2014年より日本パズル協会が発足いたしました。パズルの普及というひとつの目的のために、日本を代表する各分野（ペンシルパズル、ジグソーパズル、メカニカルパズル）のパズルメーカーが団結し、パズルイベントや各種情報の発信を行っています。パズルに興味をお持ちの方はぜひホームページを覗いてみてください。よろしくお願いいたします。

2018年1月吉日　　星野孝博

松永暢史（まつなが・のぶふみ）

1957年、東京都生まれ。V-net（ブイネット）教育相談事務所主宰。個人学習指導者、教育環境設定コンサルタント、能力開発インストラクター、教育メソッド開発者、教育作家。著書に『新男の子を伸ばす母親は、ここが違う！』『できるだけ塾に通わずに受験に成功する方法』（ともに扶桑社）、『「ズバ抜けた問題児」の伸ばし方』（主婦の友社）、『マンガで一発回答 2020年大学入試改革 丸わかりBOOK』（ワニプラス）、『将来賢くなる子は「遊び方」がちがう』（ベストセラーズ）。趣味はたき火。

ブイネット教育相談事務所
〒167-0042 東京都杉並区西荻北2-2-5 平野ビル3F
TEL 03-5382-8688　HP http://www.vnet-consul.com/

星野孝博（ほしの・たかひろ）

1970年、愛知県生まれ。学研の『頭のよくなるパズル』シリーズ、幻冬舎エデュケーションの『どうぶつしょうぎ』『どうぶつパズル』などを制作する、日本で唯一の教育的メカニカルパズル専門の株式会社クロノス代表取締役。日本パズル協会理事。パズルショップトリトやクロノスパズル教室の運営を行う傍ら、Eテレのアニメ『ファイ・ブレイン〜神のパズル』のパズル監修や出題などパズル業界において幅広く活躍。著書に『川畑式50歳からの物忘れしないパズル』（KADOKAWA）。趣味はヒラメ釣り。

日本パズル協会
〒110-0016　東京都台東区台東2-7-3 瀬戸ビル5F
事務局 TEL 03-3835-3724　HP http://www.jpuzzle.jp

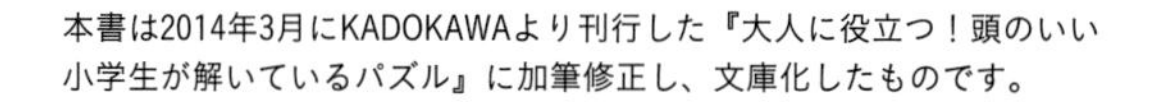
本書は2014年3月にKADOKAWAより刊行した『大人に役立つ！頭のいい小学生が解いているパズル』に加筆修正し、文庫化したものです。

大人に役立つ!
頭のいい小学生が解いているパズル

発行日　2018年2月1日　初版第1刷発行
2024年7月20日　第11刷発行

著　者　松永暢史　星野孝博

発行者　秋尾弘史
発行所　株式会社 扶桑社
〒105-8070
東京都港区海岸1-2-20 汐留ビルディング
電話　03-5843-8842(編集)
03-5843-8143(メールセンター)
www.fusosha.co.jp

印刷・製本　株式会社 広済堂ネクスト

企画・編集　梶原秀夫(Noah's Books,Inc.)
カバーデザイン　市川晶子(扶桑社)
本文デザイン　梶原浩介(Noah's Books,Inc.)
カバーイラスト　スケラッコ
本文イラスト　中村 隆
パズル問題作成　川崎 晋(株式会社 クロノス)
DTP　平林弘子
Special thanks　クロノスパズル教室

ISBN 978-4-594-07896-6
Printed in Japan